山西省自然科学基金项目（2011011024-1）

挤扩支盘桩承载特性及强度计算

巨玉文　著

中国建筑工业出版社

图书在版编目（CIP）数据

挤扩支盘桩承载特性及强度计算/巨玉文著. —北京：中国建筑工业出版社，2017.10
ISBN 978-7-112-21395-5

Ⅰ. ①挤⋯　Ⅱ. ①巨⋯　Ⅲ. ①灌注桩-桩基础-研究　Ⅳ. ①TU473.1

中国版本图书馆CIP数据核字（2017）第254201号

挤扩支盘桩是在普通灌注桩基础上研制出来的一种新型桩基础，它与普通钻孔灌注桩的主要区别在于支盘的设置及其特殊的挤扩工艺。由于这些支盘的设置，大大地提高了桩的承载力，减小了沉降量，因此具有可观的经济效益和社会效益。本书基于现场静载荷试验和桩身应力测试，系统地研究了挤扩支盘桩在压力荷载、上拔荷载作用下的荷载传递规律，补充和完善了挤扩支盘桩的抗压、抗拔极限承载力的实用计算公式；通过室内支盘模型试件的荷载试验，测定了支盘的荷载-位移全程曲线，揭示了试验条件下的支盘破坏形态为斜压破坏，并建立了支盘强度承载力的计算模型；运用二维轴对称及三维有限元法，探讨了挤扩支盘桩单桩和群桩的承载变形性状，对挤扩支盘桩的支盘竖向临界间距、水平桩距和布桩方式的设计，提出了相应建议。最后还总结了挤扩支盘桩的强度计算与构造措施。

本书可为土建、交通等行业设计、施工与科研人员提供借鉴与参考。

责任编辑：刘瑞霞　辛海丽
责任设计：李志立
责任校对：芦欣甜　焦　乐

挤扩支盘桩承载特性及强度计算

巨玉文　著

*

中国建筑工业出版社出版、发行（北京海淀三里河路9号）

各地新华书店、建筑书店经销

霸州市顺浩图文科技发展有限公司制版

北京富生印刷厂印刷

*

开本：787×1092毫米　1/16　印张：7　字数：164千字

2017年10月第一版　2017年10月第一次印刷

定价：**30.00**元

ISBN 978-7-112-21395-5

（31110）

前　言

钻孔挤扩支盘桩是在原有等截面钻孔灌注桩的基础上，在其桩身适当部位通过专用挤扩设备形成"分支"或"承力盘"，从而形成的一种新型桩基础。由于采用专用挤扩设备，可以适应水上、水下，各种孔径和各种地质条件。各种挤扩设备可在 $40\sim100\mathrm{cm}$ 孔径中成盘，除了在密实的中粗砂、卵石中成盘困难外，一般的砂土、粉土、黏性土中都可以顺利成盘。挤扩支盘桩与相同直径、相同桩长的直桩相比，混凝土用量增加 $10\%\sim20\%$，承载力则可大幅度提高，具有十分可观的经济效益和社会效益，目前挤扩支盘桩在国内已经得到很好的应用和推广。因此，结合挤扩支盘桩的工程应用，对其承载特性进行深入的研究具有重要的理论价值和实际意义。

本书在研读国内外相关文献的基础上，结合工程实际对挤扩支盘桩做了大量的研究工作：通过现场抗压（抗拔）载荷试验、桩身应力测试及有限元分析比较全面系统地分析和研究挤扩支盘桩在受压和受拔时的荷载传递机理及实用可靠的承载力计算公式；通过大比例支盘模型试件的荷载试验研究支盘混凝土的强度破坏形态及支盘承载力计算模型。现将多年的研究成果编撰成书，以期为挤扩支盘桩的设计、施工及本领域的研究工作尽绵薄之力。

本书的主要内容集中于以下几点：

（1）通过现场抗压静载荷试验，研究挤扩支盘抗压桩的桩身轴力、桩侧摩阻力、桩端阻力、支盘阻力的传递规律；总结出以显式表示的桩侧摩阻力、桩端阻力、支盘阻力的荷载传递函数；通过定量分析阐明支盘阻力的组成及属性；改进现有挤扩支盘桩的抗压极限承载力计算公式。

（2）通过现场抗拔静载荷试验，研究挤扩支盘抗拔桩的桩身轴力、桩侧摩阻力、支盘阻力的传递规律；建立挤扩支盘桩单桩竖向抗拔极限承载力的实用计算公式；揭示挤扩支盘桩高抗拔性能的实质。

（3）提出适用于挤扩支盘抗压桩的荷载传递法，用于拟合单桩 $Q\text{-}s$ 曲线和桩身轴力，以达到替代或部分替代现场试验的目的。

（4）通过支盘模型试件的室内荷载试验，研究支盘本身的破坏形态、破坏机理以及应力分布规律，提出抗压支盘的承载力计算公式，完成支盘的强度理论。

（5）通过轴对称有限元方法，分析竖向工作荷载下单桩桩身轴力、桩侧摩阻力、桩端阻力、支盘阻力的发挥性状和分布特征；研究单桩的沉降变形特性；在对桩周土体中应力分布研究的基础上，对挤扩支盘桩的支盘竖向间距的取值提出建议。

（6）通过三维有限元法，系统研究工作荷载作用下不同桩距挤扩支盘桩群桩的变形和承载性状，提出合理的挤扩支盘桩水平间距取值及群桩布桩方式。

（7）介绍了挤扩支盘桩的强度计算与构造措施。

本书依托典型工程，从多方面完善挤扩支盘桩的承载力理论，该研究成果可为今后支盘桩的工程设计与施工提供可量化的科学指导及参考性建议。

本书的研究成果主要来自作者多年科研工作和攻读博士期间的科研积累，项目研究期间得到太原理工大学张善元教授、白晓红教授、梁仁旺教授的大力支持与悉心指导，值此本书正式出版之际，谨向他们表示衷心的感谢！

本书项目研究依托于"太原理工大学岩土工程学科"，该学科为山西省重点学科之一，学科课题组具有浓厚的学术气氛、团结友爱的人际关系。在本项目研究中，大量的试验与分析工作是作者与赵明伟、黄占芳、王晓峰等研究生团结合作、共同完成的，在此对他们表示感谢。

本书参考和引用了许多专家和学者的研究成果，在此向文献作者表示衷心的感谢。

限于作者的学识和经验，书中难免存在一些不妥之处，诚请读者批评指正。

目　　录

第1章 绪 论

1.1 前言

桩是深入土层的柱型构件，其作用是将上部结构的荷载传到深部土（岩）层中。工程实际中，以主要承受竖向荷载的桩基为多。

随着我国工程建设的飞速发展，桩基础已成为工程建设中一种很重要的基础形式。据不完全统计，我国每年的用桩量已达 100 万根以上[1]。尤其是近年来超高层和重工业厂房等建筑物、构筑物的兴建，更加促进了桩基础日新月异的发展，在我国已形成多种工艺、多种桩型[2]。桩基础具有良好的工程效果，但其工程造价较高，通常占工程总造价的 10%～30%，有时甚至超过 30%[3]。同一工程的不同桩基方案之间，工程造价可能相差很大。因此，桩基方案的选择，成为桩基设计中的重要内容。

钻孔灌注桩具有承载力高、施工深度容易控制以及噪声小等优点，近年来已成为应用最广泛的一种桩型。钻孔灌注桩是通过桩侧摩阻力和桩端阻力来传递荷载。由于钻孔过程中采用泥浆护壁而在孔壁形成泥皮、孔底形成沉渣，从而影响桩的承载力。为了提高灌注桩的承载力，人们大都围绕着提高桩侧摩阻力和桩底端承力这两个方面来研究，相对而言，提高桩底端承力更为经济，因此出现了扩底桩、夯扩桩等改良桩型。扩底桩是在不改变原地基土特性的情况下，将桩端承压面积扩大，承载力提高的幅度，不仅与扩大的桩底面积有关，而且与桩端地基土的特性有很大关系。这种桩对地基土有一定的要求，否则扩大头难以形成。从 20 世纪 90 年代初起，国内一些工程开始使用一种新桩型，这种桩是从普通混凝土灌注桩衍生出来的，是在传统灌注桩工艺中增加了一道挤扩工序，利用专用设备，沿桩身不同深度设置一些分支或承力盘（图 1-1），称之为挤扩支盘桩。由于这些支盘的设置，大大地提高了桩的承载力。挤扩支盘桩与相同直径、相同桩长的普通灌注桩相

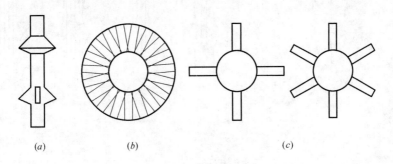

(a)　　　　　(b)　　　　　(c)

图 1-1　挤扩支盘桩示意图

(a) 支盘桩；(b) 承力盘；(c) 分支

比，混凝土用量增加 $10\%\sim20\%$，承载力则可增加 $60\%\sim100\%$[4]，因此具有十分可观的经济效益和社会效益，已在国内百余项工程中得到应用。

目前，挤扩支盘桩这项新技术尽管工程实践效果明显，但整体上仍处于技术开发和推广应用阶段，对挤扩支盘桩的受力机理研究还很不充分，工程设计方法也不是很成熟。因此应结合工程应用对挤扩支盘桩基础的承载性状、变形特征和支盘破坏模式开展系统地试验研究，在此基础上建立更为合理的分析模型和实用计算方法。

1.2 挤扩支盘桩的施工工艺及主要特点

1.2.1 挤扩支盘桩的施工工艺

挤扩支盘桩比原有普通混凝土灌注桩（直桩）的施工工艺增加了一道工序，利用普通钻机（如冲击钻机、潜水钻机、正反循环回转钻机、旋挖钻机等水上水下钻孔机械）按设计要求成孔，成孔后用吊车将支盘设备吊入孔中各支盘位置进行挤扩。施工简单、设备易于操作。

挤扩设备由两部分组成，即地下主要工作系统挤扩支盘部分和地上供给能量及检测系统部分。在钻成孔后，将地下挤扩支盘设备吊入孔内设计盘位通过地上加压挤扩形成支盘，挤扩一次形成一对分支，旋转 90°形成十字分支，旋转五至八次形成盘体，在成盘过程中可由地上控制系统根据压力表显示来判断土层的软硬情况并控制盘体直径的大小，及时调整盘位，使盘体充分落在设计的持力层上。参见图 1-1 "挤扩支盘桩示意图"。

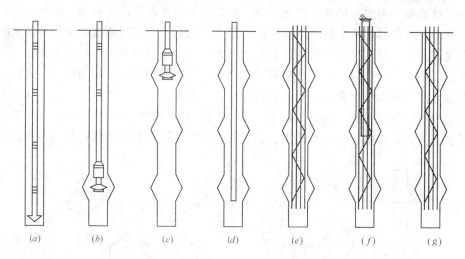

图 1-2　挤扩支盘桩施工工序示意图

(a) 成孔；(b) 下部成盘；(c) 上部成盘；(d) 清孔；(e) 下钢筋笼；(f) 灌注混凝土；(g) 成桩

挤扩支盘桩的施工工艺流程为：桩定位放线→挖桩坑→埋设护筒→钻机就位→钻孔至设计深度→钻机移位至下一桩位钻孔，将分支器吊入已钻孔内，按设计位置挤压分支和承力盘→清孔→下钢筋笼→下导管→灌注混凝土→清理桩头。施工工序示意图如图 1-2

所示。

1.2.2 挤扩支盘桩的主要优点

（1）单桩承载力高。在相同地层、相同桩长和桩径的情况下，挤扩支盘桩比普通灌注桩提高承载力 60%～100%，单方混凝土承载力提高 1 倍左右[3,5]。

（2）节约原材料，缩短工期，降低工程造价。采用挤扩支盘桩可缩短桩长、减少桩数、减小桩径和承台面积。据测算，相同单桩承载力的挤扩支盘桩与普通钻孔灌注桩相比，可节约原材料 30%～50%，缩短工期 30% 左右，降低工程造价 30% 左右[5,6]。

（3）抗拔性能、稳定性好。由于桩身的支盘受土体的支撑作用，改善了桩身刚度，提高了桩的抗拔力，增加了桩的稳定性，提高了抵抗水平荷载的能力。

（4）工艺简便。和普通灌注桩比较，只需增加一套挤扩成型器和一道挤扩工序，不需要更换原有的钻孔设备。

（5）劳动强度低，工效高，泥浆排放量显著减少，有利于环保。与打入式预制桩相比，支盘桩施工噪声低，无振动；与泥浆护壁成孔的直孔钻孔灌注桩相比，在等值承载力的前提下，支盘柱泥浆排放量显著减少。

（6）成孔、成桩工艺适用范围广。支盘桩在工艺上除多了一道挤扩成形的工艺外，其余均与普通灌注桩工艺大致相同。可用于泥浆护壁的成孔工艺（反循环钻进、冲击钻进等），干作业的成桩工艺（螺旋钻进等），水泥浆成桩工艺或重锤捣扩成桩工艺等，适用范围广泛[7]。

（7）对土层的适应性强：在内陆冲积和洪积平原及沿海河口部位的海陆交替层及三角洲平原下的硬塑黏性土、密实粉土、粉细砂层、中粗砂层等均适合做支盘桩的层。而且，支盘桩技术不受地下水位的限制[7]。

1.2.3 挤扩支盘桩的主要缺点

（1）施工场地狭小时，不利于成型器的摆放。

（2）设计参数及承载力计算公式尚需进一步完善。

（3）群桩效应机理还没有明确的理论成果，有待进一步研究[7]。

（4）由于支或盘的存在，使得桩身检测复杂，用低应变检测其完整性技术要求高。

（5）挤扩力还需增大，以便在硬土层中挤扩。

挤扩支盘桩和几种典型桩的特点、性能对比参见表 1-1。

几种典型桩的特点、性能比较[3]

表 1-1

桩型	特点、性能	缺点
普通预制桩	适用于上层较软弱、下层较好的土层；对桩土产生挤密作用，施工质量较稳定	锤击产生振动、噪声污染，配置钢筋较多，造价较高
小型灌注桩	施工方法较简单，多用于基础加固和复合桩基础；噪声小，狭窄场地即可施工	承载力较小

桩型	特点、性能	缺点
锥形桩	挤土效果好,利用锥面可增大桩的侧阻力,承载力比等截面桩(体积相同条件下)提高1~2倍,沉降较小	承载力较低,长度有限,施工产生噪声、振动等
螺旋桩	螺旋形侧面可提高桩侧阻力和端阻力,无振动、噪声污染	需要大功率施工扭矩装置,桩长有限
竹节桩	可防止地震时地基土的液化,可提高侧阻力,承载力比普通桩高30%~40%	施工产生噪声、振动污染,入土深度较短,承载力有限
夯扩桩	桩端可夯扩成扩大头,能改善扩端持力层的密实度,比沉管灌注桩和预制桩承载力高,可分别提高60%~100%和30%,施工速度较快,成本低	适用于上层较软弱、下层较好的土层,施工产生噪声,承载力有限
大直径桩(墩)	施工简便,造价低,承载力高,沉降小,质量易于保证,抗震性能好	对无黏性的砂土、碎石类土,施工时应力释放而出现孔壁土的松弛效应,导致侧阻力降低,要求大功率机具
挤扩支盘桩	施工简便,造价低,承载力高,根据需要可对不同土层进行加固密实,能以桩径小、桩长短的桩,满足承载力较高的要求	施工场地狭小时,不利于成型器的摆放;设计参数及承载力计算公式尚需进一步完善;挤扩力还需增大,以便在硬土层中挤扩

1.2.4 挤扩支盘桩的适用范围

(1)该工艺在软弱黏性土、淤泥质土中施工,成桩长度一般为4~20m,桩径可达300~800mm,采用沉管加填料挤密成型,达到防渗、防缩颈及加强地基、减少地基变形的作用[8]。

(2)该工艺在黏性土中、地下水位以上施工,成桩长度一般由成孔深度而定,桩径可达300~800mm,采用长、短螺旋钻造孔,原位挤压成型,达到提高地基强度、节约原料、缩短工期、减少沉降的目的。

(3)该工艺在砂土中施工,成桩长度小于50m,桩径可达300~800mm,采用反循环泥浆护壁成孔,原位挤压成型,达到缩短桩长、节约材料、缩短工期的目的。

(4)该工艺在卵砾石层中施工,成桩长度一般由成孔深度而定,桩径可达300~800mm,采用反循环泥浆护壁成孔,达到提高承载力、缩短桩长、节约材料、控制变形的作用。

(5)该工艺在地下水位以下黏性土中施工,成桩长度一般由成孔深度而定,桩径可达300~800mm,采用正、反循环机械成孔,挤压成型,达到缩短桩长、提高地基承载力、减少沉降的目的。

1.3 挤扩支盘桩的研究现状

1.3.1 挤扩支盘桩的研究历程

20 世纪 50 年代后期，印度开始在膨胀土中采用多节扩孔桩；20 世纪 60 年代和 70 年代，印度[9~11]、英国及苏联在黑棉土、黄土、粉土、黏土和砂土中采用多节扩孔桩，当时有 20 余篇文献报道了直孔桩、扩底桩、两节和三节扩孔桩的对比试验（包括模型试验和现场静载试验）结果。国外经验表明，多节扩孔桩与直孔桩相比，承载力大大提高，沉降小，技术经济效果显著[12]。

1978 年初，北京市建筑工程研究所等在团结湖小区进行干作业成孔的小直径（桩身直径 300mm，扩大头直径 480mm）两节和三节扩孔短桩（桩长不足 5m）的施工工艺和静载试验研究。结果表明，两节和三节扩孔桩的单位桩体积提供的极限承载力分别为直孔桩的 1.28~1.76 倍[12]。

1979 年，建设部建筑机械研究所和北京市机械施工公司在国内首先研制开发出挤扩、钻孔和清虚土的三联机，简称 ZKY-100 型扩孔器。同年，北京市桩基研究小组首先在劲松小区对用该机的挤扩装置制作的四节挤扩分支桩（桩身直径 400mm，挤扩分支直径 560mm，每一节为 6 个分支，单支宽度 200mm，桩长 8.7m）和相应的直孔桩（桩径 400mm，桩长 8.85m）进行了竖向受压静载试验，结果表明，前者的极限承载力为后者的 138%[13]。

20 世纪 80 年代末，北京俊华地基基础工程技术集团研制开发出该公司的第一代锤击式挤扩装置和第二代 YZJ 型液压挤扩支盘成型机及挤扩多分支承力盘混凝土灌注桩（曾被称为多枝桩、树枝桩、多次扩孔混凝土灌注桩及挤扩多支桩），该桩从 1992 年起在北京、天津、河南、安徽、湖北等地的工程中得到应用，取得较显著的技术经济效益[14]。

1998 年，中国北方光电工业总公司地基基础工程部贺德新研制开发出新型的多功能液压挤扩装置，依此实施 DX 多节扩孔桩，成为挤扩支盘桩的第三代产品。DX 桩在挤扩多分支承力盘混凝土灌注桩的基础上进行了多方位的实质性改进，明显地改善了挤扩成型效果。DX 桩已在北京、济南、天津、武汉等地成功地应用，也取得了较显著的技术经济效益[15]。

2000 年，山西金石基础支盘桩工程有限公司研制成功双油缸换臂式立板液压支盘成型机和可变式支盘扩底桩成桩工艺。该工艺可在同一钻孔内利用同一挤扩设备，根据土层的不同，挤扩完成不同直径的支盘，其施工工法被评为 1999~2000 年度国家级工法，已在山西省及外地多项工程中应用，效果显著[16]。

近年来，挤扩支盘桩在各地均有较广泛的工程应用，例如在铜陵新亚星焦化有限公司二期扩建工程中就成功地应用旋挖成孔＋独立的液压挤扩装置成盘，施工完毕后经检测，成桩质量良好，承载力提高明显[17]。

本书所研究的挤扩支盘桩指用专用机械挤压土体后形成盘腔的可变式支盘桩，统称为"挤扩支盘桩"。

1.3.2 挤扩支盘桩的研究现状

目前在工程中，一般将挤扩支盘桩用作竖向抗压桩，因此人们大多研究挤扩支盘桩在轴向压力下的受荷性状和设计、施工方法。另外，近年来也有学者对挤扩支盘桩的抗拔特性、动力特性展开一些研究。

1.3.2.1 抗压承载力

就挤扩支盘桩的抗压承载力计算公式而言，已提出不下 10 种计算方法[9][15,16][18~25]，研究者一般认为挤扩支盘桩的竖向承载力由桩侧摩阻力、支盘阻力、桩端阻力三部分组成。其中，支盘阻力又可分为支盘端阻力和支盘侧阻力，詹京[18]、胡林忠[19]、黄根生[20]的计算方法不计支盘侧阻力；贺德新[15]、卢凯其[21]的计算方法则不计桩端阻力，黄根生[20]对桩端阻力建议了修正系数，介于 0.84 和 1.0 之间。刘杰[26]等（2011 年）介绍了挤扩支盘灌注桩单桩竖向承载力的不同经验公式，对各经验公式参数取值进行比较，结合对工程实例的计算结果分析，指出对支盘极限端阻力进行经验修正后的公式确定承载力的效果最好，并运用该公式对支盘桩承载特性作了简要分析，指出三种因素对支盘桩承载特性的影响，为实际工程提供参考。

范孟华[27]（2011 年）通过对相邻两盘间破坏面形态的分析，总结了支盘桩整体破坏面形态的判断方法，推导出了基于最小抗力的支盘桩承载力和临界盘间距计算公式，并进行了验证。在相邻两盘间可能出现的破坏面有大圆柱形和小圆柱形两种，最可能出现的是抗力最小者。支盘桩的整体破坏面是各段抗力最小的破坏面的组合，各段的最小抗力之和即是整根支盘桩的总承载力；支盘桩所有可能出现的整体破坏面中抗力最小者即为支盘桩的承载力。

卢成原[28]等（2004 年）根据挤扩支盘桩的实际工作性状，设计了一个室内模型试验装置来研究支盘桩的承载和变形性能以及影响因素，通过与等直径模型桩的对比试验表明支盘桩的承载力远远高于等直径桩，而沉降变形则要小得多。试验还证实盘底土体的侧阻对桩的承载力贡献很小，在紧邻盘底的位置甚至可能产生负摩擦作用，设计时应给予充分重视。最后，提出了一个支盘桩承载力的计算公式。

计算桩侧摩阻力时，由于支盘的设置影响了桩侧摩阻力的发挥，一般认为应对桩周土层厚度予以折减，文献［29］建议采用表 1-2 所示的计算方法。

桩周土层有效厚度　　　　　　　　　　　　　　　　　　　　　　　　　表 1-2

黏性土、粉土	砂土	碎石、砾石	其他
$H-1.2h$	$H-(1.5\sim1.8)h$	$H-1.8h$	$H-(1.1\sim1.2)h$

注：H 为盘间净距（m）；h 为盘体高度（m）。

1.3.2.2 荷载传递规律

对挤扩支盘桩的荷载传递研究，学者们大都是针对单桩。崔江余[3]（1996 年）做了 18 组不同盘距支盘桩（模型桩）的静载试验和轴力测定，总结出不同盘间距对挤扩支盘桩承载力的影响。杨志龙[24]和吴兴龙[25]（2000 年）通过工程试桩现场试验和有限元分析，对挤扩支盘桩的受力机理进行研究，提出支盘的承载作用明显、挤扩支盘桩为摩擦多支点端承桩、支盘附近的桩侧摩阻力有所下降等结论。黄生根[30]（1998年）运用荷载传递法，结合工程实例对多级挤扩钻孔灌注桩的荷载传递特性进行了分析，认为DX桩承力扩大盘的荷载传递特性与摩阻力相近，而与桩端阻力有显著区别；给出了承力扩大盘的荷载传递函数，建议在进行设计时，挤扩支盘桩的承载力应由桩端阻力控制，并应有适量的沉降以充分发挥桩端阻力。张利鹏[31]等（2016年）对同一场地的人工挖孔等直径灌注桩、人工挖孔扩底灌注桩和人工挖孔支盘灌注桩进行了现场静载荷试验，结合试验结果对比分析了上部荷载作用下3种不同桩型的桩身轴力、桩侧摩阻力、桩端阻力、极限承载力和桩身沉降的发挥性状，并研究分析其不同发挥性状产生的原因；结合双曲线拟合法分析了3种不同桩型桩基础的极限承载力。研究结果表明：扩底桩极限承载力最大，支盘桩次之，等直径桩最小；同级荷载下，扩底桩沉降最小，支盘桩次之，等直径桩最大；支盘桩的两个支盘承担荷载作用显著且表现出明显的时序性，桩身轴力和侧摩阻力在支盘处产生突变，其余桩段的桩身轴力和侧摩阻力发挥性状与等直径桩相似，上支盘分担荷载较下支盘多，支盘桩表现出多支点摩擦端承桩特性。

近年来，很多学者利用可视化模型试验对挤扩支盘单桩的荷载传递规律进行了一些研究。张敏霞[32]等（2017年）采用基于透明土材料和粒子图像测速技术的桩基透明土模型试验系统，对轴向荷载作用下支盘桩和等截面桩桩周土体变形进行非介入式测量，得到桩周土体完整的变形位移场。试验结果表明，与等截面桩相比，支盘桩通过增大桩周土体变形位移场的范围，减小了土体变形位移场的强度，从而提高了桩基承载能力；支盘与桩端土体位移场均具有放射状的特征，表明支盘与桩端承载机制一致，支盘承担部分桩顶荷载，改变了荷载传递规律；支盘处土体位移场特征表明，支盘下界面土体位移变形对桩侧摩阻力的发挥产生了消极影响；试验还发现支盘位置、间距对桩周土体位移场的影响较大，支盘间距取值宜大于三倍支盘直径。王成武[33]等（2015年）在自制的可视化模型箱内，进行了挤扩支盘桩静载模型试验，分析了等截面桩和不同承力盘数量的支盘桩在静载作用下的荷载－变形特性以及桩周土体位移场的分布规律，并利用有限元软件ABAQUS对支盘桩在静载下的受压过程进行了数值模拟。模型试验结果和数值模拟均表明：支盘桩比等截面桩的承载力大，承载力的提高随承力盘数量的增加而增加，而且支盘桩能有效减小沉降；支盘桩不同位置承力盘作用的发挥有明显的时序性。该试验得到的一些结论可以为支盘桩设计及其工程应用提供理论依据。

王晓阳[34]等（2017年）针对宁波绕城高速公路东段桥梁基础的部分支盘桩，首先采用静载荷试验确定了3根挤扩支盘桩的承载力，并采用振弦式钢筋计对这3根支盘桩在不同施工阶段及运营状态进行了长达两年的内力监测。结果表明：支盘桩中的支盘承担了相当部分的荷载，不同阶段下支盘分担的总荷载占桩顶荷载的30％～48％；桩顶荷载低于30％极限荷载时，最下层支盘基本没有发挥作用；在长期作用下，随着荷载的增加，桩身下部的承载能力逐渐发挥，支盘承担的荷载比例也有所增加。

1.3.2.3　支盘的设置及盘周土体特性

研究表明，支盘的竖向间距是影响支盘阻力发挥的重要因素。当支盘间距大于某一数值时，各支盘独立工作，荷载沿桩身侧表面、各支盘下斜面和桩端传递；当支盘间距小于某一数值时，各支盘附近的应力影响区互相叠加，荷载沿支盘盘径外包圆柱面和桩端传递，将这一间距称为支盘临界间距。吴兴龙[22]认为，支盘直径 D 与桩径 d 之比为 2∶1 时，支盘临界间距 $l_{cr}=7d$ 或 3.5D；杨志龙[22]认为，在密实土中盘间临界间距 $l_{cr}=5d$ 或 2.5D，分支间或分支与承力盘间临界间距 $l_{cr}=4d$ 或 2D；在稍松软土中，盘间临界间距 $l_{cr}=4d$ 或 2D，分支间或分支与承力盘间临界间距 $l_{cr}=3d$ 或 1.5D。杨志龙、顾晓鲁[35]等建议在多支盘桩设计时，承力盘或分支间距宜不小于（4~6）d；对于粉土、粉质黏土，桩侧极限摩阻力为 30~70kPa 时所对应的极限位移为 5~20mm；桩侧极限侧摩阻力和极限位移随土层埋深而增大。卢成原[36]等（2015 年）设计两组室内模型试验来研究不同土质中支盘桩单桩的合理盘间距。对试验结果分析得出：双盘单桩的承载力随盘距的增加有不同程度的增大，但并不呈线性增加；盘距的不同关系到盘体承载力的发挥，同时上下盘的发挥有较明显的时间效应；桩周不同土质性状影响着支盘桩单桩两盘体的合理间距取值。支盘桩群桩随桩距的增大，群桩效应逐渐减小，其承载力不断增大，当达到一定桩距时可以近视忽略群桩效应的影响，群桩的承载力可取单桩承载力的叠加值，但该合理桩距在不同土质中是不同的。马文援[37]等（2012 年）设计了 3 根不同盘距双盘抗拔支盘桩的室内模型试验，研究盘距对支盘桩抗拔承载性能的影响。结果表明，双盘桩的抗拔承载力随着盘距的增加有不同程度增大，但并不是呈比例的增加；当盘距较小时，荷载增大到一定值后下盘分担的荷载呈下降趋势，下盘承载力得不到充分发挥；盘距较大时，上下盘的承载力均能发挥，但存在明显的时间效应，当荷载增加到一定值后，上盘分担的荷载逐渐减小，下盘分担的荷载逐渐增大。还有研究表明，支盘的形状也是影响支盘阻力发挥的重要因素。卢成原[38]等（2015 年）设计了一组支盘桩室内模型试验，来研究不同盘体形状对支盘桩承载性能的影响，分别对盘底倾角为 20°、30°、45°、60°的模型支盘桩进行加载试验。试验数据表明：支盘桩由于盘底倾角不同其承载力是不同的，随着该倾角由小变大，桩的承载力既不是越来越大，也不是越来越小，而是存在某一个最佳倾角，使支盘桩的承载力达到最佳状态。

挤扩支盘桩对支盘附近土体的挤密作用是挤扩支盘桩区别于一般扩底桩的重要特征。对于挤扩支盘桩的挤扩效应，也进行了理论及试验研究。吴兴龙[22]运用轴对称的半无限体小孔扩张的弹塑性理论，推导了挤扩过程中桩周土体的应力应变解析。1994 年，在中国水利水电科学研究院主持下，张晓玲对支盘成型带来的土质压密效果进行了 72 组试验，得出了不同土质下压密的效果和成型规律[14]。崔江余[3]对桩径 600mm、盘径 1500mm 的支盘桩进行了挤密作用的试验研究，认为成型挤密的影响范围水平方向在距桩孔外 1.0m 以内，垂直方向在 0.5m 以内，干密度的提高幅度最大可达到 15%~20%。卢成原[39]等通过对试验支盘桩桩周土的开挖取样做室内土工试验，得出挤扩分支挤压应力对桩周土挤密效应所引起的土干密度的变化规律，提出了挤密效应综合影响系数 β 的概念，并指出局部土体挤压后的干密度增幅可达 20%以上，是承载力所以比其他同类桩型高的原因之一；分支和承力盘挤密成型时对桩周土挤密效应的影响范围，在水平方向可达 1.2~1.5m，尤其在 0.9m 内挤密效果显著；在竖直方向挤密效应的衰减与其离盘的距离有近似线形的关系，但这种衰减受土层变化的影响较大。

1.3.2.4 沉降变形

对于挤扩支盘桩的沉降计算，研究较少。按常规来说，桩顶沉降主要由四大部分构成[40]，即桩身混凝土的弹性压缩量 S_1、桩身混凝土的塑性压缩量 S_2、桩身缺陷（如夹泥、堵管）引起的压缩量 S_3、桩端压缩量 S_4，即 $S = S_1 + S_2 + S_3 + S_4$。吴永红等[41]认为，挤扩支盘桩属于摩擦多支点端承桩，从该桩型的受力机理出发，应用分层总和法计算沉降的概念，提出了一种多支盘钻孔灌注桩基础沉降计算理论与方法，编制了相应的计算软件，计算值与实测结果吻合较好。钱德玲[42]采用桩端处的附加应力计算地基压缩量，在桩端平面处用一等价的扩展基础来代替支盘桩基础，再用分层总和法计算公式计算桩端以下压缩层范围内地基土的沉降。佘倩雯[43]等（2014年）利用基于数字图像相关技术的模型试验及三维数值模拟方法对单桩、单支盘桩及双支盘桩的承载特性、桩周土体位移场分布特征进行研究。研究结果表明：单桩及单支盘桩荷载-沉降曲线呈现陡降型，而双支盘桩呈缓降型，且随着支盘数量增加，支盘桩承载力近似线性增长；单支盘桩在极限荷载阶段支盘下及桩端土体位移较大，而双支盘桩桩周土体位移较大部位主要集中在支盘周围土体；单支盘桩基础破坏面由支盘下土体的剪切滑动破坏面及桩端刺入破坏面构成，而双支盘桩基础破坏面由双支盘构成的连续滑动面组成，桩端刺入破坏特征不明显。

1.3.2.5　经济效益分析

对于挤扩支盘桩的经济效益分析，一般结合具体工程进行。郭明锋、李光模[44]对相同地质条件下等直径、等桩长钻孔灌注桩与钻孔挤压分支桩作了经济对比分析，认为钻孔挤压分支桩混凝土用量仅增加 13%，而计算竖向承载力标准值却提高了近一倍，每立方米混凝土竖向承载力标准值提高 74%；对相同场地、相同竖向承载力、钻孔灌注桩与挤压分支桩所作的经济对比表明：相同单桩承载力，钻孔灌注桩的混凝土用量是钻孔挤压分支桩的 237%，每根钻孔挤压分支桩可节约投资 6300 元，该工程共用 89 根工程桩，仅桩基础就节约投资 56 万余元，经济效益显著。滕金领[45]等（2013年）基于地质构造复杂的太行山东麓山前冲积平原区域的实际情况，从地质状况分析、桩基础优化设计、施工要点等几个方面结合工程实际介绍了支盘桩工艺在复杂岩土地层工程的实际应用。工程研究表明，在复杂岩土地层的工程中采用支盘桩工艺可以在很大程度上降低施工难度，提高施工效率，降低工程造价，具有显著的技术、经济和环境效益。

1.3.2.6　关于挤扩支盘抗拔桩的研究

近期的工程应用结果表明，挤扩支盘桩同样具有高抗拔性能，该桩型通过改变桩身截面，以较小的材料增加获得显著的抗拔承载力提高，已成为抗拔桩基础发展的有效途径之一。与挤扩支盘抗拔桩的工程应用潜力相比，理论研究却很不充分，有些方面尚属空白，远不能适应工程应用对基础理论的要求。事实上，挤扩支盘抗拔桩承受竖向上拔荷载时，一方面由于支盘的端阻作用大大地提高了单桩抗拔承载力，另一方面却由于支盘对其上部土体的"上抬作用"，导致支盘下部土体的竖向压力大大减小（甚至可能减小为零），进而产生显著的"减压软化"，影响了桩侧摩阻力的有效发挥。可见，挤扩支盘桩的抗拔机制比抗压桩变得更加复杂。对挤扩支盘抗拔桩的研究也是始于工程应用，钱德玲[46]（2003年）推导了不同盘间距情况下的支盘桩抗拔承载力的计算公式，并结合工程实例，指出了支盘桩的抗拔承载力主要取决于支盘阻力，为支盘桩的抗拔设计提供了必要的理论依据。赵明华[47]等（2006年）对 DX 桩（挤扩支盘灌注桩）与普通桩的抗拔承载特性进行了对比分析，探讨了 DX 桩的抗拔破坏模式，分析了 DX 桩的抗拔荷载传递机理及其主桩桩侧与支盘抗拔阻力沿深度的发挥特征。在此基础上，根据 DX 桩的构造特征，充分考虑主桩桩侧摩阻力和 DX 桩支盘或 $3n$ 型分支周围土体摩阻力的影响，建立了极限状态下 DX 桩抗拔平衡方程，从而导得 DX 桩抗拔承载力计算公式。

目前，对抗拔支盘桩变形的研究相当有限。K. Ilamparuthi 和 E. A. Dickin[48]（2001年）研究了模型扩底桩在土工格栅加固砂土中的抗拔性状，建立了扩底桩桩顶上拔力与位移之间的双曲线非线性关系。W. Stewart[49]（1992 年）对处于成层砂中平板式扩底锚桩进行了承载及变形的试验研究。孙晓立[50]等（2009 年）假设桩侧土体荷载传递关系（t-z曲线）满足理想弹塑性关系，推导计算了扩底抗拔桩轴力和变形的弹塑性解析表达式。王斯海[51]等（2010 年）利用数字图像技术，结合支盘桩室内模型试验，对支盘桩在上拔荷载作用下的工作机制进行研究，得到等直径桩和单支盘桩在上拔荷载作用下的荷载变形特性、桩周土体位移场的分布规律。研究表明：单支盘桩抗拔承载能力高于等直径桩；等直径桩桩周土体位移沿深度减小，桩周土体影响区域呈 V 形，极限状态时桩顶处土体的影响范围约为 4 倍桩径；单支盘桩桩周土体位移受支盘影响，桩周土体的影响范围较大，影响区域近似呈 U 形，极限状态时桩顶处土体的影响范围达到 6 倍桩径左右。

1.3.2.7　动力特性方面

有关学者对挤扩支盘桩的动力特性做了初步研究。钱德玲[52]等（2009 年）设计和实施支盘桩-土-高层建筑结构动力相互作用体系的振动台试验，再现框架结构和桩基的震害现象。通过振动台试验，研究相互作用体系的地震响应、支盘桩对结构体系的阻抗作用和单、双跨框架结构抗震性能的差异，对该体系的试验现象、基频、阻尼比、振型、位移反应和上部结构顶层加速度反应进行了计算和分析。结果表明：相互作用对结构的动力特性和地震反应均有较大的影响，支盘桩具有较好的抗压、抗拔和抗扭曲作用；相同工况时上海人工波激励下的结构最大位移反应比 El Centro 波大，说明结构的破坏除与震级有关外，还与地震波的波形有关；双跨框架结构的抗震性能明显好于单跨，并与汶川地震中很多单跨教学楼倒塌的现象一致。

赵跃平[53]等（2011 年）以支盘桩-地基-结构动力相互作用振动模型试验为基础，结合通用有限元程序 MARC，对桩-土结构动力相互作用体系进行了三维有限元分析。计算与试验得出的规律基本一致。由于上部结构的摆动造成一侧受拉一侧受压，从而出现拉拔现象，使桩基与土体发生了脱开再闭合甚至还发生了滑移。桩身的应变幅值呈桩顶大、桩底小的倒三角形分布。桩土接触压力在靠近桩两端部分较大而在桩体中部较小，大体呈 K 形分布。各支盘中，下部所承受的压力值要明显大于上部。角桩的应力、应变幅值要明显大于中桩。通过计算分析与试验的对照研究，验证了采用的计算模型与分析方法的合理性，为结构-地基动力相互作用的进一步研究奠定了基础。

1.3.2.8　其他方面研究

张宝华[54]等（2001 年）应用日制 KODEN DM-684 型超声波孔壁垂直度监测仪对 DX 桩的成孔质量进行检测，能定量地测出盘径、盘高、盘距及孔壁的垂直度；对试桩进行了高、低应变动力检测，表明用低应变检测仪可以测出盘位，但盘径大小只能定性，不能定量测出。

唐小阳[55]（1998 年）对挤扩支盘桩进行了高应变动力测试，分析了测试曲线的曲线特征及应用特点，对挤扩支盘桩在天津地区的应用提出若干建议。

钱德玲[56]等（2003 年）首次将球形孔扩张理论应用到支盘桩扩孔时径向应力的计算，考虑到扩孔时的油压数据，求得某一孔压下的支盘力，据此估算单桩极限承载力。

卢成原[57]等（2004 年）根据挤扩支盘桩的实际工作性状，设计了一个室内模型试验装置来研究支盘桩的承载和变形性能以及影响因素，通过与等直径模型桩的对比试验表明支盘桩的承载力远远高于等直径桩，而沉降变形则要小得多。试验还证实盘底土体的侧阻对桩的承载力贡献很小，在紧邻盘底的位置甚至可能产生负摩擦作用，设计时应给予充分重视。

章雪峰[58]等（2005 年）以相似理论为基础，采用原型粉黏土和微混凝土挤扩支盘桩制作相似模型，通过对桩土共同作用模型中支盘桩的承载能力、变形特征、土层的压力变化和桩土阻力及沉降关系的观测，分析了支盘桩支盘的作用特性以及与全桩承载力的关系。该试验成果为支盘桩的工程应用提供了有价值的参数和实验依据。

孟凡丽[59]等（2008 年）对一个双盘模型支盘桩在非饱和粉土中进行了 5 次循环加载-卸载试验。试验证明：支盘桩在小于其极限承载力约 0.75 倍的重复荷载作用下变形增加很小，工作性能十分稳定；支盘桩与普通等直径桩相比，其承载力和抗变形能力十分优越；支盘桩的荷载传递机理十分复杂，盘附近土体对桩周的摩擦阻力在不同荷载作用下有时为正有时为负；当两盘的间距小于 2D（D 为盘直径）时，桩周的摩擦力对桩的承载力贡献很小，在每次重复荷载作用下，盘间土体都会经历加压和卸压的过程，卸载后土体会建立新的平衡和物理性质工作状态。研究表明，支盘桩应用于桥梁等承受重复荷载的结构是可行的。

钱德玲[60]等（2010 年）根据支盘桩-土-框架结构动力相互作用的振动台模型试验，采用分析软件 Marc 对支盘桩和直杆桩体系的抗震性能进行了研究。结果表明：在地震作用下，建筑物的摇摆使支盘桩承受交替变化的拉压荷载，支盘上部土体中的拉"应力泡"随着结构顶层侧移的增大而不断增大，说明上拔力主要是通过支盘传递的，支盘有效地耗散了部分地震能量，减小了上部结构的摆幅。支盘桩的抗拔力由桩侧摩阻力和支盘阻力组成，随着动荷载的增大，支盘成为传递荷载的主要途径。

吕冰[61]等（2014 年）基于自行设计的桩-土动力相互作用模型试验装置，对两根承力盘位置不同的模型支盘桩施加强烈水平振动荷载，采用数字式变频仪控制荷载频率，通过不同弹簧的刚度系数实现不同大小的荷载级别，分析不同激振频率和激振荷载作用下桩身弯矩变化趋势及桩侧土压力变化状况。试验表明：随着激振频率的增大，支盘桩的动力响应在整体上有减小的趋势且水平承载力有所提高；随着激振荷载的增大，支盘桩的动力响应随深度增加逐渐减小，反弯点位置逐渐下移，桩身的最大动弯矩发生在距桩顶 1/3 左右深度处。承力盘的设置改变了桩身的变形和受力状态，能够提高桩身平衡弯矩的能力，是对桩基的结构优化设计，且承力盘设置在桩身靠上，有利于水平动承载力的提高。

李薇薇[62]等（2009 年）通过对两种挤扩设备（单向挤压设备和双向挤压设备）的挤扩原理分析对比，说明双向挤压设备形成的支盘其承载性能明显好于单向挤压设备所形成的支盘。在对两种挤扩设备挤压土体形成支盘的过程及运动机理分析的基础上，给出了确定承力盘轮廓线的方法，并推导出承力盘体积的计算公式，为其承载力计算提供依据。

1.3.3 桩基荷载传递理论的研究现状

目前，对桩基荷载传递的理论研究方法大体可以归纳为四种方法，即：荷载传递法；弹性理论法；剪切位移法；有限单元法。

1.3.3.1 荷载传递法

荷载传递法[24,63]是 Seed 和 Reese 于 1955 年首先提出的计算单桩荷载传递的方法，此后 Kezdi（1957 年）、佐藤悟（1965 年）、Coyle 和 Reese（1966 年）等作了发展。这种方法的基本思路是把桩沿长度方向离散成若干弹性单元体，每一单元体与土体之间侧摩阻力用一线性或非线性弹簧描述，弹簧力与位移的关系即表示桩侧摩阻力 q_s 与桩土间相对位移 s 的关系（即桩侧荷载传递函数）。桩底端的土也用一弹簧代替，该弹簧的力与位移的关系表示桩端阻力 q_p 与桩端沉降 s_p 的关系（即桩端荷载传递函数）。荷载传递法分成两种计算方法：位移协调法（如 Seed 和 Reese 提出的方法）和解析法（如佐藤悟提出的方法）。

这类方法的关键在于传递函数 t-Z 的确定。Kezdi 假定传递函数为指数函数，W. S. Gardner 假定传递函数为双曲函数，佐藤悟利用弹-全塑性模型，用来分析原位试桩的实测结果，都取得了较为满意的结果。

梁明德[64]等人延伸单桩的非线性 t-Z 曲线理论，应用于刚性群桩工程。其基本原理是以桩-土-桩互制作用影响，导致桩身沉降量增加，进而导得刚性群桩的非线性 t-Z 曲线理论，以分析群桩在垂直荷载下的荷重－位移关系。

浙江大学陈龙珠[65]选用双折线荷载传递函数，导出了一组确定桩的轴向荷载-沉降曲线的解析算式，并对几根实测桩的荷载-沉降曲线进行了理论公式的拟合，验证了公式的可用性。

虽然荷载传递法获得广泛的重视，但它的缺点是：任意点桩的位移只与该点的侧摩阻力有关，而与桩身上其他点的应力无关，因而没有考虑土体连续性。当用于群桩分析时，必须借助于其他连续法的理论。

1.3.3.2 弹性理论法

弹性理论法的基本假设是：作为线弹性体的桩被插入一个理想均质的、各向同性的弹性半无限体内，土的弹性模量 E_0 及泊松比 μ_s 不因桩的存在而发生变化，运用 Mindlin 公式导出土的柔度矩阵，求解满足桩土边界位移协调条件的平衡方程式，即可得到桩轴向位移和桩侧摩阻力等。由于土体模拟为连续介质，所以在一定程度上可以考虑桩与桩之间的相互作用。

Poulos[66,67]对弹性理论法做了大量研究，从弹性理论中的 Mindlin 公式出发，系统地导出了单桩和群桩的计算理论及表格。Poulos 对弹性理论法在非均质土、成层土中的应用，以及有限厚度土层、端承桩、桩土之间有相对滑移等情况，也进行了深入研究。

群桩基础的计算是基于单桩分析的基础上，运用弹性理论叠加原理，把在弹性介质中两根桩的分析结果，通过引入一个"共同作用系数"而扩展到一组群桩中去。

弹性理论法的缺陷是：

（1）运用 Mindlin 公式时忽视桩的存在所产生的影响，认为荷载作用于未加桩时的理想均质、各向同性半无限体内；

（2）在考虑非均质土时，不得不采用一些近似的假设；

（3）由于假设土体应力应变关系为线弹性，分析桩的非线性受力特征存在困难。

1.3.3.3　剪切位移法

Cooke[68]（1973 年）曾运用简化分析法分析了桩体向周围土体传递荷载的过程。所采用的假设是：离开桩距离相等处剪应力相等，且剪应力与离开桩体轴线的距离成反比关系。

Randolph[69]等人（1978 年）进一步发展了该法，使之可以考虑可压缩性桩的情形，并且可以考虑桩长范围内轴向位移和荷载分布情形。

潘时声[70]（1993 年）用分层位移法分析了单桩和群桩，其中群桩的相互作用采用了剪切位移法的研究成果。

这类方法原理简单，基本假设合理，但在群桩分析中，以两根桩桩侧土刚度代替群桩桩侧土刚度，未能考虑第三根桩以外桩的存在。

1.3.3.4　有限单元法

有限单元法是桩基分析中十分有力的工具，从理论上来说，它能考虑影响桩性能的许多因素，如土的非线性、固结效应以及动力效应等。但其在桩基分析中的实际应用较少，一方面是由于桩基础分析涉及的因素多、比较复杂，另一方面是要求庞大的计算机容量，费用昂贵，尤其是对群桩问题的计算分析。

Ellison[71]首先使用轴对称有限元法来分析钻孔灌注桩。Y. K. Chow[72]用一维模型来表示桩，把它离散成一些单元，将土体视为非均质连续体，土体的作用使用轴对称二维有限元来分析，桩土在接触面受力平衡且位移协调。用 Chow 的方法可以分析一般群桩。

Hooper[73]（1973 年）探讨了高层建筑群桩的有限元计算。Desai[74]（1974）对有承台的群桩进行了有限元分析，所考虑的群桩可以倾斜，同时可以承受弯矩和水平力，土的非线性采用 Ramberg-Osgood 模型。Ottaviani[75]（1975）曾对 3×3 和 5×3 的群桩作过三维线弹性分析，采用 8 结点立方体单元。

陈雨孙[76]（1987 年）等人用有限元法模拟了挖孔灌注纯摩擦桩的实测 $Q \sim s$ 曲线，对纯摩擦桩的工作状态和破坏机理作了分析，认为桩侧土体的抗剪强度直接决定着摩擦桩的承载力。

王炳龙[77]（1997 年）用土的弹塑性模型和有限元法确定桩的荷载—沉降曲线。

Trochanis[78]等人（1991 年）用有限元法讨论了单桩和群桩的三维、非线性特性，特别讨论了桩土之间的滑移，并据此提出了单桩和两根桩的近似计算法。

1.4　主要研究内容

纵观挤扩支盘桩的研究现状，对于挤扩支盘桩的抗压和抗拔承载变形特性（特别是抗压方面）已开展了一些基础性试验及理论分析工作，这些研究结果为挤扩支盘桩的研究奠定了很好的理论基础，这些研究方法及手段对后续的研究工作也有许多借鉴之处。但总体上来看，大部分研究属于探索性工作且研究方向比较分散，这些研究成果难以形成完整的承载理论体系，其不足之处有以下几点：第一，缺乏关于挤扩支盘抗压、抗拔工程桩的现场试验研究，导致挤扩支盘桩在工程应用中缺乏可靠的设计依据，尤其是实用的抗压、抗拔承载力计算公式；第二，支盘是挤扩支盘桩有别于普通桩的重要组成部分，对于支盘的作用及其破坏方式也受到学者们的普遍关注，支盘本身是否会发生强度破坏？其强度破坏属于哪种形态？支盘的承载力又如何确定？

因此，本书在前人的研究基础上，总结多年来对挤扩支盘桩的研究成果，通过现场抗压（抗拔）载荷试验、桩身应力测试及有限元分析比较全面系统地分析和研究挤扩支盘桩在受压和受拔时的荷载传递机理及实用可靠的承载力计算公式；通过支盘模型试件的荷载试验研究支盘混凝土的强度破坏形态及支盘承载力计算方法。该研究成果一方面从多方面完善挤扩支盘桩的承载力理论，进一步丰富我国在挤扩支盘抗拔桩方面的研究成果；另一方面，可为今后支盘桩的设计和施工提供一个可量化的设计依据，具有很高的理论价值和现实意义。本书的主要研究内容为：

（1）通过现场抗压静载荷试验，系统研究挤扩支盘抗压桩的桩身轴力、桩侧摩阻力、桩端阻力、支盘阻力的传递规律；总结出以显式表示的桩侧摩阻力、桩端阻力、支盘阻力的荷载传递函数；通过定量分析阐明支盘阻力的组成及属性；改进现有挤扩支盘桩的抗压极限承载力计算公式。

（2）通过现场抗拔静载荷试验，系统研究挤扩支盘抗拔桩的桩身轴力、桩侧摩阻力、支盘阻力的传递规律；建立挤扩支盘桩单桩竖向抗拔极限承载力的实用计算方法；揭示挤扩支盘桩高抗拔性能的实质。

（3）提出适用于挤扩支盘抗压桩的荷载传递法，用于拟合单桩 $Q \sim s$ 曲线和桩身轴力，以达到替代或部分替代现场试验的目的。

（4）通过支盘试件的室内模型荷载试验，深入研究支盘本身的破坏形态和破坏机理以及应力分布规律，提出抗压支盘的承载力计算公式，从而完成支盘的强度理论。

（5）通过轴对称有限元方法，分析竖向工作荷载下单桩桩身轴力、桩侧摩阻力、桩端阻力、支盘阻力的发挥性状和分布特征；研究单桩的沉降变形特性；在对桩周土体中应力分布研究的基础上，对挤扩支盘桩的支盘竖向间距的取值提出建议。

（6）通过三维有限元法，系统研究工作荷载作用下不同桩距挤扩支盘桩群桩的变形和承载性状，提出合理的挤扩支盘桩水平间距取值及群桩布桩方式，以完善挤扩支盘桩的承载理论。

参考文献

[1] 徐至钧，张国栋. 新型挤扩支盘灌注桩设计与工程应用［M］. 北京：机械工业出版社，2003.

[2] 宰金珉，宰金璋. 高层建筑基础分析与设计［M］. 北京：中国建筑工业出版社，1994.

[3] 崔江余. 支盘挤扩混凝土灌注桩受力机理及承载力性状的试验研究［D］. 北京：北京交通大学硕士论文，1996.

[4] 梁仁旺，赵书平，樊春义. 钻孔挤扩支盘桩技术及工程应用 [J]. 山西建筑，2001，27（6）：28～29.

[5] 挤扩支盘灌注桩技术通过鉴定 [J]. 岩土工程界，2000，3（10），7.

[6] 吴景海. 挤扩多分支承力盘混凝土灌注桩的工程应用 [J]. 中国市政工程，1998，84（1）：44～47.

[7] 秦军华，张敏，张淑影. 支盘桩技术分析及其存在问题探讨 [J]. 吉林地质，2010，29（2）：137～142.

[8] 刘继良等. 多支盘桩在北方地区的实践与探讨 [J]. 低温建筑技术，1998，（1）：48～49.

[9] Mohan D. et al. Design and Construction of Multi-under Reamed Piles [C]. Proc，7th ICSMFE2，Mexico，1969，183～186.

[10] Mohan D. Multi-under-reamed Piles Lead to Saving in Foundation Costs [J]. Annales des Travaux Publics de Belgique n1，1973-1974，57～59.

[11] Moban D. Bearing capacity of multi-under reamed piles [A]. Proc 3th Asian Conf S M & FE [C]. Kaifa，1967，98～101.

[12] 沈保汉. 多节扩孔灌注桩垂直承载力的评价 [C]. 第三届土力学及基础工程学术会议论文集. 北京：中国建筑工业出版社，1981.

[13] 沈保汉. 桩基础施工技术讲座，第九讲：多节挤扩灌注桩 [J]. 施工技术，2001，30（1）：51～53.

[14] 张晓玲. 挤扩支盘灌注桩的发展及工程应用 [J]. 岩土工程界，1999，（4）：25～28.

[15] 贺德新. DX桩技术概论 [J]. 岩土工程界，1999，（2）：23～26.

[16] 山西金石建筑安装工程有限公司. 挤扩多分支承力盘混凝土灌注桩基础工程设计规程（送审稿）.

[17] 李仙鹤，蒋伟，粟开贤. 旋挖挤扩支盘桩在工程中的应用 [J]. 工业建筑，2013，43（增刊）：535～537.

[18] 詹京，王尔刚. 挤扩支盘桩单桩竖向承载力研究 [J]. 天津建设科技，1998，（4）：10～12.

[19] 胡林忠等. 钻孔挤压分支桩竖向承载力的研究 [J]. 合肥工业大学学报（自然科学版），1996，14（4）：114～122.

[20] 黄生根. 多级挤扩钻孔灌注桩的应用探讨 [J]. 探矿工程，1998年增刊：1～4.

[21] 卢凯其. 多分支盘桩的应用与评价 [J]. 土工基础，1997，11（2）：51～53.

[22] 吴兴龙. 多节挤扩灌注单桩竖向承载力的研究 [D]. 武汉水利水电大学硕士学位论文. 2000.

[23] 史鸿林等. 新型挤压分支桩的计算与试验研究 [J]. 建筑结构学报，1997，18（1）：49～54.

[24] 杨志龙. 挤扩支盘桩单桩竖向承载力研究 [D]. 天津：天津大学.

[25] 吴兴龙等. DX单桩承载力设计分析 [J]. 岩土工程学报，2000，22（5）：581～585.

[26] 刘杰，孙宗训，姜晓峰. 支盘桩竖向承载力经验公式的比较及探讨 [J]. 建筑结构，2011，41（增刊）：1256～1260.

[27] 范孟华. 基于最小抗力的支盘桩承载力和临界盘间距 [J]. 岩土工程学报，2011，33（增2）：295～298.

[28] 卢成原，孟凡丽，王章杰，周奇辉. 非饱和粉质黏土模型支盘桩试验研究 [J]. 岩土工程学报，2004，26（4）：522～525.

[29] 山西省建筑设计研究院. 钢筋混凝土可变式支盘扩底桩设计与施工规程（草案）. 2001.

[30] 黄生根. 多级挤扩钻孔灌注桩的荷载传递特性分析 [J]. 工程勘查，1998，（5）：19～21.

[31] 张利鹏，王晓谋. 等直径桩、扩底桩、支盘桩承载特性对比 [J]. 长安大学学报（自然科学版），2016，36（5）：37～44.

[32] 张敏霞，崔文杰，徐平，牛月君. 竖向荷载作用下挤扩支盘桩桩周土体位移场变化规律研究 [J]. 岩石力学与工程学报，2017，36（增1）：3569～3577.

[33] 王成武，佘跃心，龚成中. 砂土中支盘桩静载模型试验及数值模拟 [J]. 工程勘察，2015，（8）：11～14.

[34] 王晓阳，戴国亮，唐佳男，邓会元. 桥梁支盘桩基础内力监测分析 [J]. 工程勘察，2017，(1)：16～22.

[35] 杨志龙等. 挤扩多支盘混凝土灌注桩承载力试验研究 [J]. 土木工程学报，2002，10 (5)：100～104.

[36] 卢成原，黄瑜明. 不同土质中支盘桩基础合理盘距和桩距研究 [J]. 浙江工业大学学报，2015，43 (2)：232～236.

[37] 马文援，孟凡丽. 盘距对支盘桩抗拔性能影响试验研究 [J]. 建筑技术，2012，43 (5)：462～464.

[38] 卢成原，朱晨泽，汪金勇. 支盘桩盘体形状对承载性状影响的研究 [J]. 浙江工业大学学报，2015，43 (3)：279～282.

[39] 卢成原等. 挤扩支盘桩在非饱和土体中的挤密效应探讨 [J]. 浙江工业大学学报，2002，30 (1)：86～89.

[40] 张忠苗，汤展飞，吴世明. 基于桩顶与桩端沉降的钻孔桩受力性状研究 [J]. 岩土工程学报，1997，19 (4)：88～93.

[41] 吴永红. 多支盘钻孔灌注桩基础沉降计算理论与方法 [J]. 岩土工程学报，2000，22 (5)：528～531.

[42] 钱德玲. 新型挤扩支盘桩的数值模拟及其在优化设计中的应用研究 [［J]. 岩石力学与工程学报，2002，7.

[43] 佘情雯，曹茂柏，陈亚东. 支盘桩承载力特性及变形破坏模式研究 [J]. 四川建筑科学研究，2014，40 (5)：168～170.

[44] 郭明锋，李光模. 新型钻孔挤压分支桩在工程中应用 [J]. 安徽建筑工业学院学报（自然科学版），1999，7 (2)：23～25.

[45] 滕金领，彭健. 支盘桩技术在复杂岩土地层中的工程应用探讨 [J]. 邢台职业技术学院学报，2013，30 (3)：101～104.

[46] 钱德玲. 具有高抗拔性能的支盘桩在工程中的应用研究 [J]. 岩石力学与工程学报，2003，22 (4)：678～682.

[47] 赵明华，李微哲，单远铭. DX 桩抗拔承载机理及设计计算方法研究 [J]. 岩土力学，2006，27 (2)：199～203.

[48] ILAMPARUTHI K, DICKIN E A. Predictions of the uplift response of model belled piles in geogrid-cell-reinforced sand [J]. Geotextiles and Geomembranes，2001，19 (2)：89-109.

[49] DICKIN E A, LEUNG C F. The influence of foundation geometry on the uplift behaviour of piles with enlarged bases in sand [J]. Canadian Geotechnical Journal，1992，29 (3)：498-505.

[50] 孙晓立，莫海鸿. 扩底抗拔桩变形的解析计算方法 [J]. 岩石力学与工程学报，2009，28 增 1 (5)：3008～3014

[51] 王斯海，陈亚东，王旭东. 抗拔支盘桩桩周土体位移场模型试验 [J]. 南京工业大学学报（自然科学版），2010，32 (6)：59～63.

[52] 钱德玲，夏京，卢文胜，徐雁飞，李健全. 支盘桩-土-高层建筑结构振动台试验的研究 [J]. 岩石力学与工程学报，2009，28 (10)：2024～2030.

[53] 赵跃平，钱德玲. 支盘桩-土-结构相互作用体系的计算分析 [J]. 建筑结构，2011，41 (增刊)：1281～1288.

[54] 张宝华等. 超声波孔壁垂直度监测仪在 DX 桩中的应用 [J]. 建筑技术开发，2001，(6)：102～105.

[55] 唐小阳. 支盘桩的高应变动力测试与分析 [J]. 天津建筑科技，1998，(2)：15～17.

[56] 钱德玲等. 用球形孔扩张理论估算支盘桩扩孔挤压效应 [J]. 合肥工业大学学报（自然科学版），2003，(2)：53～56.

[57] 卢成原等. 非饱和粉质黏土模型支盘桩试验研究 [J]. 岩土工程学报，2004，7 (4)：522～525.

[58] 章雪峰，杨俊杰，盛宝亭，彭孔曙. 挤扩支盘桩与土层共同作用的模型试验研究 [J]. 浙江工业大学学报，2005，33 (4)：455～459.

[59] 孟凡丽，吴杰，卢成原. 重复荷载作用下支盘桩受力特性模型试验研究 [J]. 建筑结构，2008，38 (4)：15～18.

[60] 钱德玲，李金俸，汪哲荪等. 基于 MARC 分析的桩基抗拔动力特性研究 [J]. 华南理工大学学报（自然科学版），2010，38 (7)：145～150.

[61] 吕冰，高笑娟，钟国华. 水平振动荷载作用下支盘桩模型试验研究 [J]. 建筑科学，2014，30 (9)：45～50.

[62] 李薇薇，李从昀. 挤扩支盘桩与 DX 桩承力盘挤扩机理对比研究 [J]. 岩土工程技术，2009，(2)：69～72.

[63] 史佩栋. 实用桩基工程手册 [M]. 北京：中国建筑工业出版社，1999.

[64] 梁明德，刘岳. 刚性群桩的非线性分析 [J]. 岩土工程学报，1995，17 (6)：23～31.

[65] 陈龙珠，梁国钱，朱金颖等. 桩轴向荷载-沉降曲线的一种解析算法 [J]. 岩土工程学报，1994，16 (6)：30～38.

[66] Poulos，H. G. Analysis of the Settlement of Pile Groups [J]. Geotechnique，18 (3)，449～471.

[67] Poulos，H. G. & Randolph，M. F. Pile Groups Analysis：a Study of Two Methods [J]. J. GE.，ASCE，1972，109 (3)，355～372.

[68] Cooke，R. W.，& Price，G. Strains and Displacement around Friction Piles [C]. Proc. 8th ICSMFE，Moscow，1973，Vol. 2，53～60.

[69] Randolph，M. F. & Worth，C. P. Analysis of Deformation of Vertically Loaded Piles [J]. ASCE.，1978，Vol. 104，CT12，1465～1448.

[70] 潘时声. 桩基础分层位移迭代法计算理论及其应用 [D]. 同济大学博士学位论文，1993.

[71] Ellison R. D.，D´Appolonia E.，Thiers G. R.，Load-deformation Mechanism for Bored Piles [J]. ASCE.，1971，vol. 97 SM4，661～678.

[72] Chow Y. K.，Axial and Lateral Response of Pile Groups Embedded in Nonhomogene Soils [J]. Int. J. Num. Anal. Mehe. Geomech. 1987，V. 11，621～628.

[73] Hooper，J. A. Observation on the Behavior of a Piled-raft Foundation on London Clay [J]. Proc. Instu. Civ. Engng.，1973，Part 2，885～877.

[74] Desai，C. S. Numerical Design-analysis for Piles in Sands [J]. Proc. ASCE. J. Geotechn. Engng. Div.，1974，Vol. 100，GT6，June，613～635.

[75] Ottaviani，M. Three-dimensional Finite Element Analysis of Vertically Loaded Pile Groups [J]. Geotechnique，1975，25 (2)，159～174.

[76] 陈雨孙，周红. 纯摩擦桩荷载－沉降曲线的拟合方法及其工作机理 [J]. 岩土工程学报，1987，9 (2)：49～60.

[77] 王炳龙. 用土的弹塑性模型和有限元法确定桩的荷载—沉降曲线 [J]. 上海铁道大学学报（自然科学版），1997，18 (1)：48～54.

[78] Trochanis，A. M.，Beilak，J. & Christiano，P. Three-dimensional Nonlinear Study of Piles [J]. ASCE.，1991，GT3，429～447.

第 2 章　挤扩支盘桩抗压特性的试验研究

挤扩支盘桩作为一种新桩型，在承压方面具有高承载力和低压缩量的特性，在工程中日益受到青睐，但目前对其承载变形特性仍缺乏系统的试验研究和理论分析。本章结合工程实际，通过单桩静载荷试验和桩身应力测试，深入分析竖向压力荷载作用下挤扩支盘桩的荷载传递机理和变形特性；探讨并改进挤扩支盘桩的单桩抗压极限承载力计算公式。

2.1　荷载传递机理的试验研究

挤扩支盘桩的荷载传递是指桩侧摩阻力、支盘阻力及桩端阻力的发挥过程。现场静载荷试验过程中可同时进行桩身应力测试，进而研究挤扩支盘桩的荷载传递机理及变形特性，从多个方面完善挤扩支盘桩的抗压承载力理论。

2.1.1　工程概况

2.1.1.1　工程概况

本次试验结合山西省太原市铁匠巷某高层住宅楼桩基工程进行，试验时间为 2001 年 7~8 月。建筑场地位于太原市解放南路以东，铁匠巷与棉花巷之间，拟建建筑为两栋 34 层剪力墙结构体系高层住宅楼。建筑桩型拟采用钻孔挤扩支盘桩，桩径 700mm，有效桩长 24m（试桩桩长 28m），设两个直径 1.8m、高 1.65m 的支盘，支盘的位置及土层情况见图 2-1，设计要求试桩（设 3 组）的单桩极限承载力标准值达到 7500kN。施工采用山西金石基础支盘桩工程有限公司的液压支盘成型机和可变式支盘扩底桩成桩工艺。

2.1.1.2　场地土层情况

本场地位于汾河东岸，距汾河 2km 左右，属汾河东岸 Ⅰ 级阶地后缘。经过人工大致平整，地形基本平坦，地面标高在 784.054~784.847m 之间。场地地面以下 6.0~8.7m 范围内为杂填土，杂填土之下为冲积成因的第四系地层。

该场地分为东、西两区，本次试验在西区进行，西区土层分布情况[1] 如表 2-1。

2.1.2　试验设计

（1）为了测试挤扩支盘桩的抗压承载力极限值并探讨其 Q-s 曲线形态的特殊性，该工程设计了 3 组抗压静载荷试验。静载荷试验采用慢速维持荷载法，每级荷载为 750kN，具体步骤依据《建筑桩基技术规范》JGJ 94—2008[2]。

（2）为了测试挤扩支盘桩的轴力分布规律并探讨其荷载传递机理，试桩施工中，在第3组试桩（即3号试桩）的对称的两根主筋上安装了钢筋应力计。同一截面上有两个测点，共有7个截面14个测点，钢筋应力计布置情况见图2-1。桩身轴力测试和静载荷试验同步进行，在每次观测沉降值时，测读一次钢筋应力计的频率，直至静载试验完毕。

2.1.3 试验结果及分析

2.1.3.1 静载荷试验结果及分析

1. 试验结果

如图2-1所示，3组试桩的实际长度均为28m，试桩均灌注至打桩面（自然地面下5.03m），试桩的最终加荷值和沉降结果[3]见表2-2，3组试桩的最终加荷值和沉降结果见表2-3，静载荷 Q-s 曲线如图2-2所示，Q 表示桩顶荷载，s 表示桩的沉降量。

西区场地土层分布情况表　　　　　　　　　　表 2-1

序号	土层名称	厚度（m）	承载力标准值（kPa）	压缩模量 E_{s1-2}(MPa)	桩侧极限摩阻力 q_s(kPa)	桩桩端阻力标准值(kPa)
①	杂填土、素填土	7.4	85	5.3		
②-1	粉土	2.53	80	8.5	30	
②-2	粉质黏土	3.31	120	6.3	35	
③	粉细砂	3.08	240		45	
④	粉土夹粉质黏土	3.26	180	9	53	
⑤	粉细砂	5.93	260		50	1000
⑥-1	中砂	6.5	340		72	1600
⑥-2	中粗砂夹圆砾	3.43	350		95	1700
⑦	粉质黏土	6.79	265	8.7	64	

注：该场地地下水位位于自然地面下5.0m。

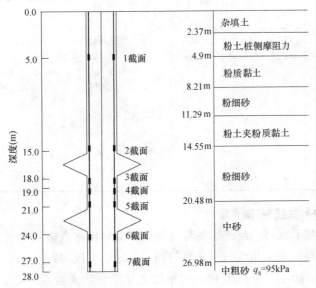

图 2-1　3号试桩应力计布置点及场地土层分布

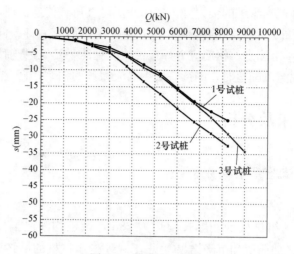

图 2-2 试桩 Q-s 曲线

单桩静载荷试验试桩概况　　　　　　　　　　　　　　　　表 2-2

桩号	桩径(mm)	桩长(mm)	充盈系数	最终荷载(kN)
1 号	700	28	1.29	8250
2 号	700	28	1.22	8250
3 号	700	28	1.07	9000

3 组试桩单桩竖向静载试验结果汇总表　　　　　　　　　　　表 2-3

荷载(kN)	1 号桩累计沉降(mm)	2 号桩累计沉降(mm)	3 号桩累计沉降(mm)
1500	1.135	1.150	1.310
2250	2.164	2.860	2.580
3000	3.295	4.840	4.051
3750	5.500	8.860	5.923
4500	8.348	13.420	9.169
5250	11.068	17.095	11.713
6000	15.308	21.453	15.815
6750	19.280	25.428	19.805
7500	22.318	28.880	24.073
8250	24.963	32.575	29.000
9000			34.270
6000	24.428	32.561	33.093
4500	23.020	31.343	30.533
3000	21.313	29.530	26.503
1500	18.663	26.673	21.480
0	15.015	22.343	16.450

2. 支盘桩的 Q-s 曲线形态

单桩的 Q-s 曲线形状可以反映桩的变形特性。为对比支盘桩和普通灌注桩的 Q-s 曲线形态，将挤扩支盘桩的 Q-s 曲线归一化后与同一场地中直桩的归一化 Q-s 曲线放在同一个图中比较，如图 2-3 所示。可以看到，初始段上几条曲线重合在一起。当荷载超过 25％ 后，曲线分离，直桩的曲线在上，支盘桩的曲线在下，曲线的变化趋势大致呈 S 形。为进一步分析，绘制出两种桩的Δs-Q曲线，如图2-4所示。由图可见，直桩的曲线由小到大，最后迅速翘起，而支盘桩则是在荷载为60%～70%之间曲线有一个顶点，过了此点后，曲线开始下降；荷载为60%时，正是摩阻力与支盘端承力转换过渡阶段（详见本章2.1.3.2一节中分析结果）。此时，沉降增量较大，随着桩顶荷载的增大，支盘的端承力得到发挥，Q-s曲线变得比较平缓。可见，支盘桩的Q-s曲线一般为略呈S形的缓变形曲线[4]。

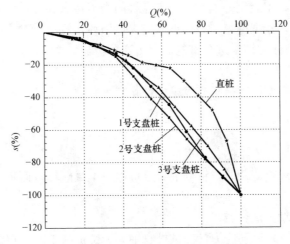

图2-3 支盘桩、直桩的单位化Q-s曲线

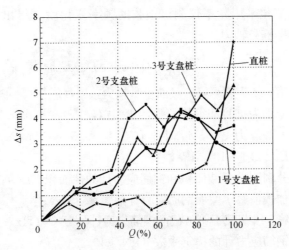

图2-4 支盘桩、直桩的Q-Δs曲线

3. 单桩竖向抗压极限承载力取值

正因为挤扩支盘桩的Q-s曲线为缓变形，曲线形态没有表现出明显的破坏特征，说明桩土体系没有出现剪切破坏，而是以土的压缩变形为主，因此对于单桩极限承载力应在桩土强度范围内以变形控制为主。对于大直径桩，许多学者[5,6]提出以桩径3%～6%作为极限位移，此时对应的荷载为极限荷载（或极限承载力）。由于支盘作用的充分发挥需要有一定量的盘底位移发生，所以建议挤扩支盘桩极限承载力对应的位移取桩径的5%～6%。

如果挤扩支盘桩极限承载力对应的位移按桩径的5%左右取值，则本次试验中2号、

3 号试桩的单桩极限承载力可分别确定为 8250kN、9000kN；1 号试桩因为最大加载量为 8250kN（对应的最大位移 24.963mm，仅为桩径的 3.6%），安全起见，可以确定其单桩极限承载力为 8250kN。

2.1.3.2 桩身应力测试成果

静载试验中的桩身应力测试是揭示桩的受力机理的重要方法之一，但必须将试验得到的原始数据整理之后，才能充分说明挤扩支盘桩的受力特点和变形性状。

由于施工中造成 3 号试桩第 1 截面钢筋应力计损坏，没有读数，2～7 截面读数正常。因此以 2～7 截面应力计的结果进行桩的荷载传递分析。

1. 计算分析的基本假定

本章研究竖向荷载作用下挤扩支盘桩的性状与承载力，为计算桩身轴力、承力盘阻力及桩侧摩阻力，须作如下假定[7]：

（1）地基土为半无限体、各向同性的弹塑性体材料；

（2）钢筋混凝土桩为连续的、均质的弹性体；

（3）桩达到竖向极限荷载时，钢筋混凝土桩本身不致破坏，而是指桩周土被压缩或剪切破坏。

2. 3 号试桩桩身轴力测试结果

本次试验采用钢弦式钢筋应力计测试桩身轴力。试桩施工前，在桩的两根对称主筋上布置应力计，应力计与主筋间通过搭接焊连接。当桩进行静载试验时，钢筋应力计中钢弦的振动频率就会发生变化。用频率仪测出钢弦的频率变化就可得出钢弦的受力大小[8]。通过下述公式，计算出桩身轴力。

$$N(i,j) = \frac{E_p \cdot A_p}{E_s \cdot A_s}[f(0,j) - f(i,j)] \cdot K \tag{2-1}$$

式中　$N(i,j)$——第 i 级荷载下第 j 截面桩身轴力（kN）；

E_p，E_s——分别为桩身和钢筋的弹性模量（MPa）；本次试验中，试桩混凝土强度等级为 C40，近似地取 $E_p = 3.25 \times 10^4$ MPa，钢筋采用 $\phi14$，取 $E_s = 2.1 \times 10^5$ MPa[9]；

A_p，A_s——分别为桩身截面积和钢筋应力计的截面积（m²）；

$f(0,j)$——加载前 j 截面钢筋应力计的频率（Hz）；

$f(i,j)$——第 i 级荷载下第 j 截面钢筋应力计的频率（Hz）；

K——钢筋应力计的率定系数（kN/Hz）。

根据式（2-1）计算出各级荷载下桩身各截面处轴力，汇总于表 2-4。

3 号试桩桩身各截面轴力表　　　　　　　　　　　　　　　表 2-4

荷载（kN）	各截面轴力（kN）					
	2 截面	3 截面	4 截面	5 截面	6 截面	7 截面
1500	696.77	479.29	436.17	329.43	259.76	34.65
2250	1173.35	822.04	747.20	666.14	453.43	56.54
3000	1640.94	1177.54	1066.75	1002.73	668.68	104.87
3750	2272.79	1590.74	1455.52	1392.33	910.20	209.75
4500	2922.06	2081.98	1880.29	1812.45	1141.38	365.69

荷载(kN)	各截面轴力(kN)					
	2 截面	3 截面	4 截面	5 截面	6 截面	7 截面
5250	3391.97	2427.08	2193.16	2140.21	1307.23	524.36
6000	4108.97	2960.14	2656.70	2648.08	1547.46	747.79
6750	4827.80	3474.53	3166.98	3159.15	1773.60	944.76
7500	5765.16	4141.93	3859.85	3803.94	2038.81	1170.92
8250	6505.49	4624.60	4348.88	4304.62	2214.66	1308.63
9000	7494.00	5299.08	5028.31	4914.68	2436.07	1514.72

3. 3 号试桩荷载分担值的计算

各级荷载下，桩身某段分担的荷载值由下式计算：

$$F(i,j)=N(i,j)-N(i,j+1) \tag{2-2}$$

式中：$F(i,j)$ 为第 i 级荷载下桩身位置 j 到 $j+1$ 段分担的荷载（kN）。特别地，当 j 及 $j+1$ 分别位于某支盘上下时，$F(i,j)$ 即为该支盘在第 i 级荷载下分担的荷载值。$N(i,j)$ 为第 i 级荷载下第 j 截面桩身轴力（kN），$N(i,j+1)$ 为第 i 级荷载下第 $j+1$ 截面桩身轴力（kN）。

各桩段的平均摩阻力 τ 由下式求得：

$$\tau(i,j)=F(i,j)/A_s \tag{2-3}$$

式中，$\tau(i,j)$ 以 kPa 计，A_s 为该桩段侧表面积（m²）。

当 j 及 $j+1$ 分别位于某支盘上下时，支盘单位水平净投影面积阻力 q 由下式得出：

$$q(i,j)=F(i,j)/A_b \tag{2-4}$$

式中，$q(i,j)$ 以 kPa 计；A_b 为支盘水平净投影面积（m²），由支盘的水平投影面积减去桩的直桩段截面积得到。

各桩段中点处的竖向位移 s_z 按下式计算：

$$s_z=s-\Delta \tag{2-5}$$

式中　s——某级荷载下桩顶沉降量（mm）；

　　　Δ——相应荷载下从测点到桩顶这一段桩的弹性压缩量（mm）。因承力盘的弹性压缩量很小，本文在计算时将其忽略，仅考虑等截面直桩段的弹性压缩量。

由式（2-2）计算出支盘、桩侧摩阻和桩端的荷载分担值如表 2-5 及图 2-6 所示；各部分的荷载分担百分比如表 2-6 及图 2-7 所示；由式（2-3）～式（2-5）计算出支盘阻力和桩端阻力的荷载传递关系如表 2-7 及图 2-9、图 2-10 所示，桩侧摩阻的荷载传递关系如表 2-8 及图 2-12 所示。

3 号试桩荷载分担值　　　　　　　　　　　　　　　表 2-5

荷载(kN)	上盘分担荷载(kN)	下盘分担荷载(kN)	0～15m侧摩阻力(kN)	18～21m侧摩阻力(kN)	24～27m侧摩阻力(kN)	桩端分担荷载(kN)
1500	217.47	69.67	803.23	149.86	225.11	34.65
2250	351.30	212.71	1076.65	155.91	396.89	56.54
3000	463.41	334.05	1359.06	174.80	563.81	104.87
3750	682.05	482.13	1477.21	198.41	700.45	209.75
4500	840.08	671.07	1577.94	269.53	775.69	365.69

荷载(kN)	上盘 分担荷载(kN)	下盘 分担荷载(kN)	0～15m 侧摩阻力(kN)	18～21m 侧摩阻力(kN)	24～27m 侧摩阻力(kN)	桩端 分担荷载(kN)
5250	964.88	832.98	1858.03	286.87	782.87	524.36
6000	1148.83	1100.62	1891.03	312.06	799.67	747.79
6750	1353.27	1385.54	1922.20	315.39	828.84	944.76
7500	1623.23	1765.13	1734.84	338.00	867.88	1170.92
8250	1880.89	2089.97	1744.51	319.98	906.03	1308.63
9000	2194.92	2478.61	1506.00	384.40	921.35	1514.72

3号试桩荷载分担百分比　　　　　　　　　　表 2-6

荷载(%)	上盘 分担荷载(%)	下盘 分担荷载(%)	两盘分担荷载 合计(%)	桩侧摩阻力 合计(%)	支盘+桩端 分担荷载(%)	桩端 分担荷载(%)
16.67	14.50	4.64	19.14	78.55	21.45	2.31
25.00	15.61	9.45	25.07	72.42	27.58	2.51
33.33	15.45	11.13	26.58	69.92	30.08	3.50
41.67	18.19	12.86	31.04	63.36	36.64	5.59
50.00	18.67	14.91	33.58	58.29	41.71	8.13
58.33	18.38	15.87	34.25	55.77	44.23	9.99
66.67	19.15	18.34	37.49	50.05	49.95	12.46
75.00	20.05	20.53	40.57	45.43	54.57	14.00
83.33	21.64	23.54	45.18	39.21	60.79	15.61
91.67	22.80	25.33	48.13	36.01	63.99	15.86
100.00	24.39	27.54	51.93	31.24	68.76	16.83

3号试桩支盘阻力和桩端阻力的荷载传递关系　　　　　　　　　　表 2-7

荷载 (kN)	上盘		下盘		桩端	
	位移 (mm)	支盘阻力 (kPa)	位移 (mm)	支盘阻力 (kPa)	位移 (mm)	桩端阻力 (kPa)
1500	0.271	100.74	0.050	32.27	0.020	90.09
2250	0.526	162.74	0.348	98.53	0.286	146.99
3000	1.266	214.66	1.005	154.74	0.912	272.64
3750	2.309	315.95	1.951	223.34	1.817	545.29
4500	4.716	389.15	4.249	310.86	4.068	950.70
5250	6.528	446.96	5.980	385.86	5.760	1363.22
6000	9.750	532.17	9.077	509.84	8.802	1944.07
6750	12.859	626.88	12.063	641.83	11.737	2456.17
7500	16.744	751.93	15.791	817.66	15.406	3044.13
8250	20.148	871.29	19.076	968.14	18.653	3402.12
9000	24.374	1016.76	23.149	1148.17	22.675	3937.93

3号试桩桩侧摩阻的荷载传递关系　　　　　　　　　　表 2-8

荷载 kN	桩顶～2截面 (深度 0～15m)		3～5截面 (深度 18～21m)		6～7截面 (深度 24～27m)	
	位移(mm)	摩阻力(kPa)	位移(mm)	摩阻力(kPa)	位移(mm)	摩阻力(kPa)
1500	0.651	24.36	0.056	22.73	0.035	34.14
2250	1.553	32.66	0.437	23.64	0.317	60.19

荷载 kN	桩顶～2 截面 (深度 0～15m)		3～5 截面 (深度 18～21m)		6～7 截面 (深度 24～27m)	
	位移(mm)	摩阻力(kPa)	位移(mm)	摩阻力(kPa)	位移(mm)	摩阻力(kPa)
3000	2.658	41.22	1.135	26.51	0.958	85.50
3750	4.116	44.80	2.130	30.09	1.884	106.23
4500	6.942	47.86	4.482	40.88	4.158	117.64
5250	9.120	56.36	6.254	43.50	5.870	118.72
6000	12.783	57.36	9.414	47.33	8.940	121.27
6750	16.332	58.30	12.461	47.83	11.900	125.70
7500	20.723	52.62	16.267	51.26	15.598	131.62
8250	24.574	52.91	19.612	48.53	18.865	137.40
9000	29.322	45.68	23.762	58.29	22.912	139.73

2.1.3.3 挤扩支盘桩的荷载传递机理

从桩身轴力的分布特征和支盘阻力、桩侧摩阻力、桩端阻力的发挥过程，可深入分析挤扩支盘桩的荷载传递机理。

1. 桩身轴力的分布特征

依据表 2-4 绘制出 3 号桩在各级荷载作用下的桩身轴力分布图如图 2-5。从图中明显看到，挤扩支盘桩的荷载传递曲线与直杆桩明显不同，有其独特的形态，轴力分布曲线在支盘上下端位置发生了急剧变化，支盘下轴力明显降低，其耗损的轴力完全由支盘所承担，并将其转嫁到支盘底部的土层，从而使桩端阻力明显降低。这是支盘桩承力的特性，也是支盘桩高承载力的原因所在。下面从挤扩支盘桩各桩段荷载分担值入手，进一步分析支盘及桩侧摩阻力的数值大小及承力特性。

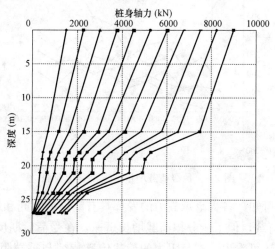

图 2-5 3 号试桩桩身轴力图

2. 支盘的承力性状

（1）支盘的承力性状

由图 2-6、图 2-7 所示的荷载分担情况可见，在加荷初期，荷载主要由桩侧摩阻力承担，随着荷载的增大，支盘承担的荷载越来越大。当荷载为 9000kN 时，支盘承担的荷载达到 52%，超过总荷载的一半。

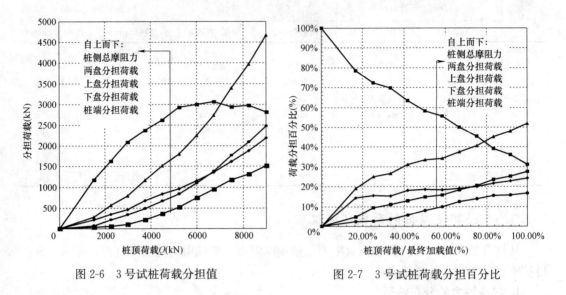

图 2-6　3 号试桩荷载分担值　　　　　　图 2-7　3 号试桩荷载分担百分比

图 2-8 绘出每一级荷载增量支盘所承担的荷载。荷载为 1500kN 时，支盘承担总荷载增量的 20%，而当荷载为 9000kN 时，支盘承担总荷载增量的 94%（每级桩顶荷载增量为 750kN）。支盘的这种承力特性正是支盘桩高承载力的原因所在。

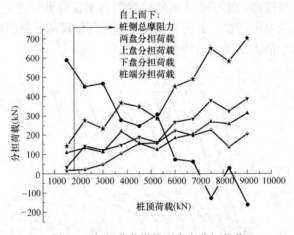

图 2-8　每级荷载增量下支盘分担荷载

由图 2-7、图 2-8 可知，各支盘承载力的发挥具有明显的时间和顺序效应。加荷初期，上盘比下盘承担较多荷载，但下盘分担荷载增长迅速，在受荷后期反而比上盘分担更多荷载。从图 2-7、图 2-8 还可看出，支盘阻力的荷载传递特征与桩端阻力相似，如将支盘阻力和桩端阻力统称为端阻力，则在桩顶荷载达到 9000kN 时，端阻力占总荷载的 69%，其余 31% 荷载由桩侧摩阻承担，从而验证了挤扩支盘桩属于摩擦多支点端承桩[7][10,11]。

（2）支盘阻力的计算分析

根据表 2-7 和图 2-9，试桩支盘阻力的荷载传递函数，即支盘单位水平净投影面积阻

力 q 与支盘-土相对位移 s 的关系，可近似由双曲线方程 $q=f(s)=\dfrac{s}{a+b\times s}$（详见后面

2.3.1 一节）来表示，该方程可转化为一元线性方程 $f(s)=\dfrac{s}{q}=a+b\times s$，从而由一元线

性回归方法（最小二乘法）[12]求出 a、b 值。进而得到支盘阻力的荷载传递函数：

上盘： $$q=\frac{s}{5.726\times10^{-3}+9.14\times10^{-4}s} \tag{2-6}$$

下盘： $$q=\frac{s}{6.932\times10^{-3}+7.44\times10^{-4}s} \tag{2-7}$$

式中，q 的单位为 kPa，s 的单位为 mm。

上面两式的一元线性回归的相关系数 r 分别为 0.9427 和 0.8686，均大于 r 检验法中的 $r_{0.001}$（$11-2$）$=0.8471$，可见回归效果是显著的。

根据土的物理指标与承载力参数计算挤扩支盘桩的单桩竖向极限承载力标准值时，设计人员一般认为支盘阻力包括支盘端阻力和支盘侧阻力，而且往往认为支盘侧阻力较小，可以忽略不计。由图 2-9、图 2-10、图 2-12所示的荷载传递关系，可以看到支盘阻力的荷载传递特征与桩端阻力相似，而与桩侧摩阻力的荷载传递有较大差异，这才是在设计中可以将支盘侧阻力忽略不计的内在原因。

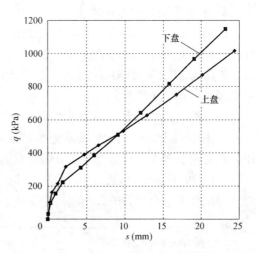

图 2-9　3号试桩支盘阻力的荷载传递关系

（3）关于支盘设置土层的探讨

由图 2-1 可知，上、下支盘的设置土层分别为第⑤粉细砂层和第⑥—1 中砂层，承载力标准值分别为 260kPa 和 340kPa，均为低压缩性土层和中密～密实状态。从 2.2.2 一节关于支盘桩承载力的计算中可知，上、下支盘按土层承载力计算的承载力分别为 1648kN 和 2637kN，试验结果（图 2-6 和表 2-5）表明，当桩顶荷载达到极限荷载 9000kN，上支盘阻力为 2195kN，下支盘阻力为 2479kN，而且还有上升趋势，可见上、下支盘的承载力发挥非常充分，从而有效地提高了挤扩支盘桩的单桩承载力。因此，在挤扩支盘桩的工程设计中，中密～密实状态的砂土层可作为支盘的良好持力层。

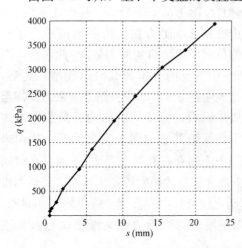

图 2-10　3号试桩桩端阻力的荷载传递关系

3. 桩端端承力的力学性状

由图 2-6、图 2-7 所示的荷载分担情况可见，3号试桩的桩端端承力的发挥始终滞后于桩侧摩阻力和支盘承载力。桩顶荷载达到 9000kN 时，桩端承担了 16.8％左右总荷载。如前所述，支盘阻力和桩端阻力统称为端阻

力，在桩顶荷载达到9000kN时，端阻力占总荷载的69%，而桩端阻力仅占到总端阻力的24%，其余部分由支盘承担，进一步验证了支盘在挤扩支盘桩承力中起关键作用。

根据表2-7和图2-10，可得到桩端阻力的荷载传递函数，即桩端阻力 q 与桩端沉降 s 可用下列双曲线拟合关系：

$$q=\frac{s}{2.525\times10^{-3}+1.68\times10^{-4}s} \tag{2-8}$$

式中，q 的单位为kPa，s 的单位为mm。

该式同样由一元线性回归而得，其相关系数 r 为0.8584，大于 r 检验法中的 $r_{0.001}$（11-2）=0.8471，回归效果是显著的。

4. 桩侧摩阻力的力学性状

桩侧摩阻力是单桩荷载传递的重要组成部分，现从两个角度来分析桩侧摩阻力的承力性状。下面谈到的"桩侧摩阻力"是指桩的侧表面在单位面积上受到的摩阻力，用 q_s 表示，单位为kPa；"桩侧总摩阻力"是指部分桩段或全桩段在侧表面受到的摩阻力的合力，用 Q_s 表示，单位为kN。

（1）桩侧总摩阻力 Q_s 的承力性状

由图2-6、图2-7所示的荷载分担情况可见，在加荷初期，荷载主要由桩侧摩阻力承担，随着荷载增大，桩侧摩阻力分担荷载的相对值比越来越小。现就将3号试桩从上至下3个直桩段的桩侧总摩阻力绘制成图2-11。从图中可看出0~15m段桩侧总摩阻力的发挥对3号试桩的总摩阻力的大小起决定作用，就这一桩段总摩阻力的发展趋势而言，大体可分3个阶段：桩顶荷载介于0~5250kN

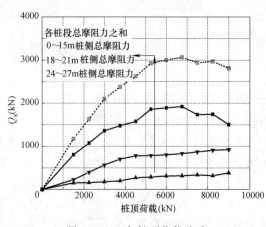

图 2-11　Q_s 与桩顶荷载关系

时，桩侧总摩阻力基本呈线性增长；桩顶荷载介于5250~6750kN时，桩侧总摩阻力略有增长，在6750kN级荷载时达到极限值；桩顶荷载超过6750kN之后，桩侧总摩阻力呈下降趋势（这也正是图2-8中桩侧总摩阻力在总荷载增量中所承担的荷载出现负值的原因）。与此对应，图2-8中支盘的分担荷载呈迅速增长趋势，这说明在0~15m段桩侧总摩阻力发挥至极限以后，桩顶所增加的总荷载增量主要转嫁给其下的两个支盘承担，从而来

弥补桩侧摩阻力的不足。这证明了支盘和桩侧摩阻力之间存在互补关系[133]，而且在时间效应上来看，往往是桩侧摩阻力达到极限值之后支盘才更有效地发挥端承作用。其他两桩段（18~21m段和24~27m段）总摩阻力的发挥则比较滞后，一直处于缓慢增长的状态；可以想象，当上下两个支盘发挥至极限后，这两桩段的总摩阻力也会渐渐接近其极限状态。

（2）桩侧摩阻力 q_s 的计算分析

根据表2-8和图2-12，桩侧摩阻力的荷载传递函数，即各桩段桩侧摩阻力 q_s 与桩土相对位移 s 的关系可近似由下述双曲线拟合：

$0\sim15\text{m}：$
$$q_s=\frac{s}{1.81\times10^{-4}+0.02s} \tag{2-9}$$

$18\sim21\text{m}：$
$$q_s=\frac{s}{0.024+0.018s} \tag{2-10}$$

$24\sim27\text{m}：$
$$q_s=\frac{s}{5.0\times10^{-3}+7.1\times10^{-3}s} \tag{2-11}$$

式中，q_s 的单位为 kPa，s 的单位为 mm。

上面 3 式也由一元线性回归而得，相关系数 r 分别为 0.9891、0.9917、0.9984，均大于 r 检验法中的 $r_{0.001}(11-2)=0.8471$，显然回归效果都是显著的。

桩侧摩阻力的发挥需要桩土间的相对位移。随着桩土间相对位移的增加，桩侧摩阻力非线性增加，当其相对位移达到一定值时，桩侧摩阻力发挥到极限，这一相对位移称为相对极限位移。根据图 2-12 所示的桩侧摩阻力荷载传递，对于 $0\sim15\text{m}$ 内浅层土而言，相对极限位移为 16.33mm，约为 2.3% 桩径；$24\sim27\text{m}$ 深层土范围内，桩土相对极限位移达到 22.91mm，即 3.3% 桩径时，桩侧摩阻力尚在增长。文献 [14] 认为在黏性土中桩土相对极限位移为 $4\sim6\text{mm}$，在砂类土中为 $6\sim10\text{mm}$，可见由于支盘

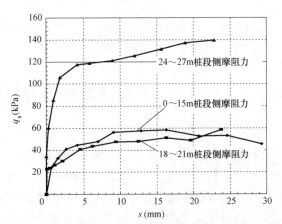

图 2-12　桩侧摩阻力 q_s 的荷载传递关系

的设置这两段（上支盘以上和下支盘以下）的桩土相对极限位移均比普通灌注桩大，其桩侧摩阻力势必会发挥得更充分，这一点可从图 2-12 和表 2-1 的对比看出（图 2-9 中 $0\sim15\text{m}$ 段、$24\sim27\text{m}$ 段的桩侧极限摩阻力均大于表 2-1 中所列数值）。

位于两支盘间（$18\sim21\text{m}$ 段）的土体和 $24\sim27\text{m}$ 深度范围内土体的土性相近，但由图 2-12 可见，两承力盘间桩侧摩阻力明显偏小，将其原因分析如下：

（1）在桩顶荷载作用下，上支盘底部附近的一部分土体随着支盘一起下移，形成一相对不动区，不动区桩段的侧摩阻力不能发挥出来。

（2）在桩顶荷载作用下，下支盘下移时，其上部一定范围内土体形成一脱空区，周围土体松动，使支盘和土体接触的有效面积大大减小，因而紧靠下支盘上部的桩段的桩侧摩阻力难以发挥。M. J Tomlison[15] 认为由松动区引起的桩侧阻力减小的范围在扩大头以上 $2d$ 之间；吴兴龙[16] 根据试验和有限元分析结果，认为该影响范围在 $(2.0\sim3.0)(D-d)$ 之间（D 为支盘直径，d 为桩径）。

（3）在支盘的挤扩施工过程中，不可避免地对支盘附近的土体造成扰动，从而影响该桩段桩侧摩阻力的发挥。

（4）如果盘间距太近时，在桩顶荷载作用下，承力盘间的土体就可能被剪裂，甚至塌落至下面支盘的临空面缝隙中，从而破坏了这一段桩土间的摩阻力。

（5）支盘的挤扩施工在支盘附近土体中引起超孔隙水压力，孔隙水压力的消散，使周围土体产生再固结沉降，桩周局部的侧摩阻力减小甚至出现负摩阻力。

综合以上因素，在设计挤扩支盘桩时，应注意选择适宜的竖向间距来设置支盘。

有关文献[17,18]认为，盘与盘或支与盘的最小间距：黏性土、粉土中不宜小于 $1.5D$，砂土中不宜小于 $2D$。本文通过对挤扩支盘桩的有限元分析（第 5 章），得出支盘对紧靠其上部的土体中竖向应力的影响范围在 $(0.5 \sim 1.0)D$ 之间，对紧靠其下部的土体中竖向应力的影响范围在 $(1.0 \sim 1.25)D$ 之间。因此，设计支盘桩时应使支盘的竖向间距大于 $(1.5 \sim 2.25)D$。

2.2　单桩抗压承载力计算

单桩抗压承载力的计算是挤扩支盘桩在设计中的关键所在，我们同样结合前面这一工程来探讨一下挤扩支盘桩的单桩承载力计算。

2.2.1　挤扩支盘桩的单桩承载力计算公式

挤扩支盘桩的竖向抗压极限承载力可根据土的物理指标与承载力参数（极限侧阻力标准值及极限端阻力标准值）计算得到，一般认为由三部分组成：(1) 桩侧摩阻力；(2) 支盘端阻力；(3) 桩端阻力。现已有的 10 多种计算方法大多是围绕支盘端阻力和支盘附近土体的桩侧摩阻力各自提出一些计算公式。受支盘数量、支盘竖向间距及施工因素影响，支盘端阻力应予以修正，文献［19］建议的修正系数为 0.9，文献［20］建议的修正系数大于 1，文献［21］建议的修正系数为 0.76~1.16；一般认为，由于支盘的设置影响了桩侧摩阻力的发挥，因此应对桩侧摩阻力予以折减，可以将支盘附近的土层厚度予以折减[22]。

笔者根据挤扩支盘桩在前述铁匠巷高层住宅楼和其他多个工程中的应用情况及实测数据，总结出如下规律：

1. 挤扩支盘桩桩侧极限摩阻力的发挥在桩长范围内呈现出特有的变化特征：在第一个支盘（支盘编号顺序为从上至下）以上及最后一个支盘以下土层的桩侧极限摩阻力往往比勘测结果高 10%~50%，设置支盘的土层及支盘间土层的桩侧极限摩阻力由于支盘工艺等因素的影响比勘测结果低 10%~30%；而且一般来说，粉土、黏性土层中极限摩阻力的发挥比砂土层中更加充分一些。

2. 挤扩支盘桩的支盘端阻力一般比根据盘底土层承载力计算出的结果低，且与山西金石建筑安装工程有限公司编制的《挤扩多分支承力盘混凝土灌注桩基础工程设计规程》（送审稿）提出的支盘端阻力计算式 $\sum \beta_i \psi_{pi} q_{pi} A_{pbi}$（详见式 2-12）比较接近。

基于此，笔者建议挤扩支盘桩的桩侧极限摩阻力的取值应对各土层的极限摩阻力标准值 q_{sik} 乘一 "桩侧摩阻力发挥系数 ξ" 来加以修正，建议按以下 2 个原则取值：①在第一个支盘以上土层，$\xi = 1.1 \sim 1.4$；设置支盘的土层及支盘间土层，$\xi = 1.0$；在最后一个支盘以下土层，$\xi = 1.0 \sim 1.2$。②在砂土层中 ξ 取较低值，在粉土、黏性土层中 ξ 取较高值。

这样，引进桩侧摩阻力发挥系数 ξ 并参考已有的研究成果，综合提出下面的关于挤扩支盘桩的抗压极限承载力的改进计算公式：

$$Q_{uk} = U \sum \xi q_{sik} L_{ei} + \sum \beta_i \psi_{pi} q_{pi} A_{pbi} + q_{pk} A_p \qquad (2\text{-}12)$$

式中　　　U——桩身周长（m）；

30

q_{sik}——第 i 层土极限摩阻力标准值（kPa）；

L_{ei}——土层有效厚度（m），当土层中存在支盘时，$L_{ei}=L_i-(1.5\sim1.8)h$[3]，h 为支盘高度，L_i 为土层厚度（m）；

$\sum\beta_i\psi_{pi}q_{pi}A_{pbi}$——来自山西金石建筑安装工程有限公司编制的《挤扩多分支承力盘混凝土灌注桩基础工程设计规程》（送审稿），其中 q_{pi} 表示第 i 层土极限端阻力标准值（kPa）；A_{pbi} 表示第 i 个承力盘的净面积（m²）；β_i 为考虑支盘挤扩工艺的支盘端承力修正系数，$\beta_i=1.0\sim1.4$；$\psi_{pi}=\left(\dfrac{0.8}{D}\right)^{\frac{1}{n}}$，为尺寸修正系数（对砂土，$n=3$；对黏性土，$n=4$）；

q_{pk}——桩端极限承载力标准值（kPa）；

A_p——桩身截面积（m²）。

2.2.2 单桩承载力计算公式在工程设计中的应用

结合前述铁匠巷工程，探讨单桩承载力计算公式在设计中的应用。为了和普通灌注桩（直桩）的承载力计算做比较，下面先计算同一土层中同样桩长的普通灌注桩的单桩承载力。

2.2.2.1 普通灌注桩的单桩承载力计算

参考表 2-1 的地层分布，对普通灌注桩采用 700mm 直径，有效桩长 24m（桩顶设计标高在自然地面下 9.03m），桩端持力层为第⑥-2 层中粗砂夹圆砾层，根据《建筑桩基技术规范》JGJ 94—94[2]，单桩竖向抗压极限承载力计算如下：

$$Q_{uk}=U\sum q_{sik}L_i+q_{pk}A_p \tag{2-13}$$
$$=2.2\times(30\times0.9+35\times3.31+45\times3.08+53\times3.26+50\times$$
$$5.93+72\times6.5+95\times1.02)+1700\times0.385=3549kN$$

式中 U、q_{sik}、L_i、q_{pk}、A_p 同式（2-12）。

2.2.2.2 挤扩支盘桩的单桩承载力计算

如前所述，挤扩支盘桩的桩径 700mm、有效桩长为 24m（桩顶标高比试桩低 4m，比自然地面低 9.03m），支盘的位置及尺寸（直径 1.8m，高 1.65m）见图 2-1，其单桩承载力按式（2-12）计算：

$$Q_{uk}=2.2\times(1.4\times30\times0.9+1.4\times35\times3.31+1.2\times45\times3.08+1.4\times53\times3.26+1.0$$
$$\times50\times3.455+1.0\times72\times4.025+1.2\times95\times1.02)+1\times0.763\times1000\times2.16+1$$
$$\times0.763\times1600\times2.16+1700\times0.385=7550kN$$

2.2.2.3 计算值与静载荷试验结果的对比

如前（2.1.3.1 一节）所述，1 号、2 号、3 号试桩的单桩极限承载力分别为8250kN、8250kN、9000kN，平均值为 8500kN，如果考虑减去桩顶 4m 空桩的摩阻力（约 600kN），有效桩长范围内支盘桩的单桩极限承载力应在 7900kN 左右。这一实测结果与计算值 7550kN 非常接近且略大于计算值，这说明在实际工程中可采用式（2-12）计算挤扩支盘桩的极限承载力，计算结果安全可靠。

2.2.2.4 挤扩支盘桩和普通灌注桩的承载力对比

根据计算结果，挤扩支盘桩与普通直桩混凝土用量及承载力对比列于表 2-9。

普通灌注桩与挤扩支盘桩承载力对比　　　　　　表 2-9

桩型	桩径（mm）	桩长（mm）	混凝土用量(m³)		摩阻力（kN）	端承力（kN）	支盘承载力（kN）	单桩极限承载力		承载力/单方混凝土	
			主桩	支盘				(kN)	(%)	(kN/m³)	(%)
直桩	700	24	9.24	—	2894	655		3549	100	384	100
支盘桩	700	24	9.24	2.76	2611	655	4285	7550	212	629	164

由表中可以看出，相同直径和桩长的普通直桩的承载力为 3549kN，增加了两个支盘后，挤扩支盘桩比直桩混凝土用量仅增加 30%，承载力却提高了 112%，单方混凝土承载力提高了 64%。支盘的承载力达到 4285kN，占单桩总承载力的 56.8%，这一点与前面"2.1.3.3 一节"中得到的"3 号试桩在极限荷载时支盘承担的荷载达到 52%"比较吻合。可见，由于支盘的设置，挤扩支盘桩可以大幅度提高单桩抗压极限承载力。

2.3 荷载传递的数值模拟方法

由于工程需要，对桩基础的荷载传递理论的研究大多采用传统的破坏性荷载试验。然而，做桩的现场载荷试验既费工又费钱，尤其对于高承载力的支盘桩而言，无论从加载条件还是从试验技术上都是很困难的。如何根据室内外的一些有关资料，利用理论分析的方法来研究桩的荷载传递规律，进而确定桩的竖向承载力和轴力分布[23,24]，是近年来被国内外学者广泛关注的问题。

本节以荷载传递函数的双曲线模型为基础，建立了适合于挤扩支盘桩的荷载—沉降关系的数值分析迭代模型。并结合工程实际，做了实测数据与模拟计算的对比分析。

2.3.1 荷载传递法基本原理

荷载传递法基本思路是把桩沿长度方向离散成若干弹性单元体，每一单元体与土体之间侧摩阻力用一线性或非线性弹簧描述，弹簧力与位移的关系即表示桩侧摩阻力 q_s 与桩土间相对位移 s 的关系（桩侧荷载传递函数）。支盘底端、桩底端的土也用一弹簧代替，该弹簧的力与位移的关系表示桩端阻力（或支盘阻力）q_p 与桩端（或支盘）沉降 s_p 的关系（端阻力或支盘阻力荷载传递函数）。本文假定传递函数为双曲线函数[25]（图 2-13）。荷载传递函数

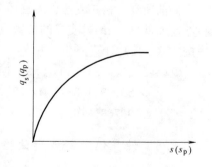

图 2-13　荷载传递函数（双曲线）

$q=f(s)=\dfrac{s}{a+b\times s}$，其参数 a 和 b 可根据已有工程经验和土层情况综合确定。

2.3.2 用荷载传递法模拟 Q-s 曲线

2.3.2.1 模拟方法

利用荷载传递函数推求挤扩支盘桩 Q-s 曲线的方法和步骤如下（图2-14）：

（1）将整个桩体划分成 n 个单元体，各个单元体长度可以不同，分别为 Δl_1、Δl_2、$\cdots\Delta l_i\cdots$ Δl_n；对于支盘体，单独划分为一个单元，其长度 Δl_j 等于支盘体高度。

（2）假设桩底端单元体（第 n 个单元体）的底面产生的位移为 s_p（mm）。第一次计算时，应取 s_p 为一较小值。桩端阻力 Q_p（kN）可按下式确定：

$$Q_p=\frac{\pi d^2}{4}\cdot q_p=\frac{\pi d^2}{4}\cdot f(s_p) \qquad (2\text{-}14)$$

式中，d——桩身（桩端）直径；

q_p——单位面积桩端阻力（kPa）；

$f(s_p)$——桩端阻力的荷载传递函数。

（3）暂时假设单元体 n 为刚性体，按其桩侧摩阻荷载传递函数 $q_{sn}=f(s)$ 确定桩土相对位移 $s=s_p$ 时的桩侧摩阻力 q_{sn}。

（4）计算 n 单元体顶面处的桩的轴力 Q_{n-1}：

$$Q_{n-1}=Q_p+q_{sn}\cdot\Delta l_n\cdot\pi\cdot d \qquad (2\text{-}15)$$

（5）计算 n 单元体中点处的位移 s'_n：

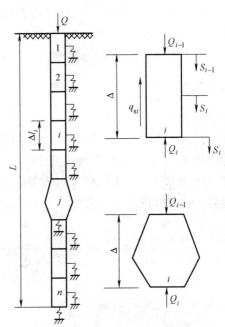

图 2-14 荷载传递法计算图式

$$s'_n=s_p+\frac{1}{2}\Delta s_e \qquad (2\text{-}16)$$

$$\Delta s_e=\left(\frac{Q_p+Q_{n-1}}{2}\right)\frac{4\Delta l_n}{\pi d^2 E_p} \qquad (2\text{-}17)$$

式中 Δs_e——单元体的弹性压缩量；

E_p——桩身的弹性模量。

（6）按 n 单元体中点处的位移 s'_n 重新以桩侧摩阻的荷载传递函数确定桩侧摩阻力 q_{sn}，重复以上（4）、（5）步骤，直至相邻两次计算出的 s'_n 的差值小于某一允许值，则 n 单元体顶面处的轴力 Q_{n-1} 和顶面处的沉降 $s_{n-1}(s_{n-1}=s_p+\Delta s_e)$ 已求得。

（7）n 单元体上面相邻的第 $n-1$ 单元体底面处的轴力为 Q_{n-1}，底面处的沉降为 s_{n-1}，按照与步骤（3）～（6）类似的方法，反复计算后得到 $n-1$ 单元体顶面处的轴力 Q_{n-2}、沉降 s_{n-2} 以及单元体的平均桩侧摩阻力 $q_{s(n-1)}$。

(8) 依次往上对等截面直桩段上的单元逐个进行同样的计算，当遇到支盘体单元 j 时，认为支盘体的弹性压缩为零，则其顶面处的沉降 s_{j-1} 等于底面处的沉降 s_j；同时认为支盘体桩侧的摩阻力为零，其顶面处的轴力 Q_{j-1} 按下式求得：

$$Q_{j-1}=Q_j+\frac{\pi \cdot (D-d)^2}{4} \cdot q_{bj}=Q_j+\frac{\pi \cdot (D-d)^2}{4} \cdot f(s_j) \tag{2-18}$$

式中，Q_j 为支盘体底面处的轴力，q_{bj} 为支盘体单位净水平投影面积上的阻力（kPa），D 为支盘体直径，$f(s_j)$ 为支盘端阻的荷载传递函数。

当向上计算到桩顶单元 1 时，可求得桩底沉降为 s_p 时的桩顶荷载 Q 与桩顶沉降 s。

(9) 再假设一系列呈递增的桩底位移 s_p，重复步骤（2）~（8），得到一系列的桩顶荷载 Q 与桩顶沉降 s，最终可绘制完整的 Q-s 曲线。

根据上述方法，采用 FORTRAN 90 语言编制程序，可应用于拟合 Q-s 曲线。

2.3.2.2 工程应用实例

实例一：

结合本次试验的 3 号试桩进行模拟计算。在静载荷试验过程中，通过 3 号试桩的桩身应力测试结果[26]，计算出支盘阻力、桩端阻力和桩侧摩阻力的荷载传递函数见公式 (2-6)~式(2-11)，由此拟合出的 Q-s 曲线与实测 Q-s 曲线对比如图 2-15，可见二者基本重合，这充分说明应用荷载传递法拟合挤扩支盘桩的 Q-s 曲线是合理可靠的。

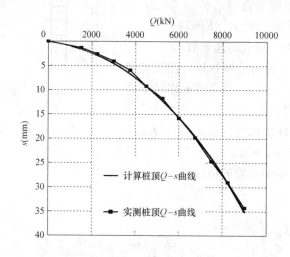

图 2-15 实例一 拟合 Q-s 曲线与实测 Q-s 曲线对比

实例二：

该工程为太原市某开发公司的高层写字楼。建筑桩基采用钢筋混凝土挤扩支盘桩，设计有效桩长 30m，试桩桩长 35m，桩径 700mm，设三个直径 1.4m、高 1.45m 的承力盘。设计要求试桩的单桩竖向极限承载力标准值为 8500kN。在对试桩做静载荷试验时，由于上部桩身混凝土强度较低，所以 3 组试桩均未加压至设计要求便发生脆性破坏，但从实测 Q-s 曲线看出，在强度破坏前很平缓，如果桩身强度能够得到保证，其单桩承载力还存在较大的潜力。

工程桩的施工过程中改进了混凝土浇注工艺，桩身取芯试验结果证明强度已经达到设计要求（C40）。现场条件无法再做静载荷试验，因此采用荷载传递法来模拟支盘桩的 $Q\text{-}s$ 曲线，并进一步试推单桩极限承载力值。

上盘：
$$q_p = \frac{s_p}{0.01 + 8.081 \times 10^{-4} s_p} \tag{2-19}$$

中盘：
$$q_p = \frac{s_p}{0.015 + 5.85 \times 10^{-4} s_p} \tag{2-20}$$

下盘：
$$q_p = \frac{s_p}{0.016 + 3.365 \times 10^{-4} s_p} \tag{2-21}$$

桩端：
$$q_p = \frac{s_p}{5.7 \times 10^{-3} + 3.85 \times 10^{-5} s_p} \tag{2-22}$$

桩侧摩阻力：0～15m
$$q_s = \frac{s}{0.02 + 0.056s} \tag{2-23}$$

15m 以下
$$q_s = \frac{s}{4.568 \times 10^{-3} + 5.1 \times 10^{-5} s} \tag{2-24}$$

由土层分布情况（以粉土和粉质黏土为主）和现场测试结果，可得承力盘阻力、桩端阻力和桩侧摩阻力的荷载传递函数：

拟合出 $Q\text{-}s$ 曲线见图 2-16，从图中可以看出在 7650kN 一级荷载前拟合曲线和实测值非常接近，可见荷载传递函数的选取是正确的。根据拟合曲线并参考现行桩基规范的规定，考虑挤扩支盘桩在强度达到设计要求的前提下，偏于保守地取单桩竖向极限承载力为8500kN。这对设计和施工有重要参考价值。

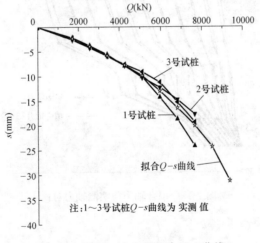

图 2-16 实例二支盘桩拟合 $Q\text{-}s$ 曲线

2.3.3 用荷载传递法模拟轴力图

轴力图的拟合可按下列步骤进行：

（1）假定桩顶荷载为 Q，规定收敛标准 ε（如 0.01）。

（2）假定桩底有一微小位移 s_p，按照第 2.4.1 节拟合 $Q\text{-}s$ 曲线的步骤，求得桩底沉降

为 s_p 时的桩顶荷载 Q'，如不满足收敛条件 $|Q-Q'|\leqslant\varepsilon Q$，增大 s_p，重新迭代计算 Q'，直至满足收敛条件。

（3）输出最后一次迭代计算时各桩体单元顶面处的坐标和轴力，即可绘出桩顶荷载为 Q 时的桩身轴力图。

（4）假定一系列的桩顶荷载值，重复步骤（1）～（3），绘制出各级荷载下的桩身轴力图。

为避免计算发散和提高计算精度，计算时应注意：

（1）在拟合轴力图的步骤（2）中，增大 s_p 时，所选取的增量应足够小（例如 0.01mm）。

（2）当假定的桩顶荷载值较小时，收敛标准 ε 应取得相对大些；当假定的桩顶荷载值较大时，收敛标准 ε 则应取得相对小些。

按此方法，本文采用 FORTRAN 90 语言编制程序来拟合本次试验中 3 号试桩的轴力图。由图 2-17 所示的拟合轴力图与实测轴力图对比，可知二者基本重合，说明本文建议的方法是正确的。

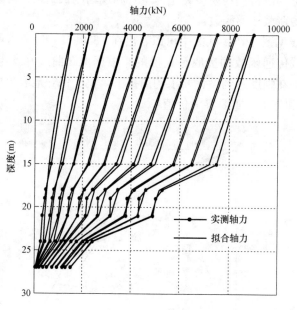

图 2-17　拟合轴力与实测轴力对比

2.4　本章小结

本章通过挤扩支盘桩的现场静载试验及桩身应力测试，全面系统地研究了挤扩支盘桩在竖向压力荷载作用下的荷载传递机理及承载力计算方法，结论如下[3]：

（1）计算与分析结果表明，挤扩支盘桩与相同桩径和桩长的普通灌注桩相比，混凝土用量增加 30%，单方混凝土承载力可提高 60% 以上，具有很好的经济效益和社会效益。

（2）提出了适合于挤扩支盘桩的"桩侧摩阻力发挥系数 ξ"，用此对挤扩支盘桩的桩侧极限摩阻力加以修正，使计算与实测值更加接近。

（3）通过引进系数 ξ，对已有的挤扩支盘桩的抗压极限承载力计算公式进行了修正和改进，静载荷试验结果证明该计算方法可靠合理，可更好地应用于挤扩支盘桩的工程设计。

（4）根据桩身应力测试结果，加荷初期桩侧摩阻力发挥较多，加荷后期，摩阻力已发挥到极限，所加荷载主要由支盘承担，支盘承担的荷载超过总荷载的一半；挤扩支盘桩的支盘阻力主要体现端承力的性质，可将挤扩支盘桩定性为摩擦多支点端承桩。

（5）通过静载荷试验结果的分析、比较，首次指出挤扩支盘桩的 Q-s 曲线形态一般为略呈 S 形的缓变形曲线；对于挤扩支盘桩的单桩极限承载力取值，应在桩土强度范围内以变形控制为主。

（6）试验结果表明，中密～密实状态的砂土层可作为支盘的良好持力层。

（7）首次将荷载传递法应用于挤扩支盘桩的 Q-s 曲线和轴力图的拟合，试验结果证明该方法是合理可行的；在实际工程中用已有的试验资料来推算承载力很高的挤扩支盘桩的 Q-s 曲线和极限承载力，对减少或部分代替现场试桩具有实际意义。

（8）本次试验中的支盘阻力、桩端阻力和桩侧摩阻力的荷载传递曲线可近似由式（2-6）～式（2-11）所示的双曲线拟合，且拟合效果显著；一般工程中，挤扩支盘桩的荷载传递函数可假设为双曲线模型，其参数 a 和 b 可以根据已有工程经验和土层情况综合确定。

参考文献

[1]　山西华晋岩土工程公司. 凯旋大地岩土工程勘察报告. 2000.

[2]　中华人民共和国行业标准. 建筑桩基技术规范（JGJ 94—2008）. 北京：中国建筑工业出版社，2008.

[3]　巨玉文. 挤扩支盘桩力学特性的试验研究及理论分析 [D]. 太原：太原理工大学，2005.

[4]　巨玉文，梁仁旺，赵明伟，白晓红. 竖向荷载作用下挤扩支盘桩的试验研究及设计分析，岩土力学，2004，25（02）：308～311.

[5]　BENGT B. BROMS. Axial Bearing Capacity of The Expander Body Pile [J]. SOIL AND FOUNDATIONS, vol. 25, No. 2. Jone 1985.

[6]　William J. Noely. Bearing Capacity of Expanded-base piles Sand. ASCE, vol. 116.

[7]　杨志龙. 挤扩支盘桩单桩竖向承载力研究 [D]. 天津：天津大学.

[8]　魏章和等. DX桩的试验与研究 [J]. 岩土工程界，2000，3（5）：12～16.

[9]　中华人民共和国国家标准. 混凝土结构设计规范（GB 50010—2010）. 北京：中国建筑工业出版社，2010.

[10]　吴兴龙等. DX单桩承载力设计分析 [J]. 岩土工程学报，2000，22（5）：581～585.

[11]　吴永红. 多支盘钻孔灌注桩基础沉降计算理论与方法 [J]. 岩土工程学报，2000，22（5）：528～531.

[12]　洪楠等，统计产品和服务解决方案教程 [M]. 北京：清华大学出版社，2003.

[13]　钱德玲. 挤扩支盘桩的荷载传递规律及 FEM 模拟研究 [J]. 岩土工程学报，2002，24（3）：371～375.

[14]　扬位洸等. 地基及基础 [M]. 第三版，北京：中国建筑工业出版社，1998.

[15]　施峰等. 人工挖孔扩底桩承载力试验研究 [M]. 北京：中国建筑工业出版社，1998.

［16］ 许少军. 单桩轴向荷载传递机理的非线性有限元分析 ［D］. 天津：天津大学，2004.

［17］ 山西省建筑设计研究院. 钢筋混凝土可变式支盘扩底桩设计与施工规程. （草案）. 2001.

［18］ 贺德新. DX 挤扩装置及 DX 多节挤扩桩的应用 ［J］. 工业建筑，2001，31 (1)：27～31.

［19］ 詹京，王尔刚. 挤扩支盘桩单桩竖向承载力研究 ［J］. 天津建设科技，1998，(4)：10～12.

［20］ 胡林忠等. 钻孔挤压分支桩竖向承载力的研究 ［J］. 合肥工业大学学报（自然科学版），1996，14 (4)：114～122.

［21］ 黄生根. 多级挤扩钻孔灌注桩的应用探讨 ［J］. 探矿工程，1998 年增刊：1～4.

［22］ 崔江余. 支盘挤扩混凝土灌注桩受力机理及承载力性状的试验研究 ［D］. 北京：北方交通大学，1996.

［23］ 修朝英，李大展. 单桩垂直静载试验 $P\text{-}s$ 曲线的数学描述和极限荷载的预测 ［J］. 岩土工程学报，1988，10 (6)：64～73.

［24］ 王为民，顾晓鲁. 双曲线法预测钻孔灌注桩单桩承载力. 见：刘金砺编. 高层建筑桩基工程技术 ［M］. 北京：中国建筑工业出版社，1998.

［25］ 林天健，熊厚金，王利群. 桩基础设计指南 ［M］. 北京：中国建筑工业出版社，1999.

［26］ 巨玉文等. 挤扩支盘桩承载变形特性的试验研究 ［J］. 建筑技术，2003，34 (3)：178～180.

第3章 挤扩支盘桩抗拔性能的试验研究

挤扩支盘桩的造型及其特殊的施工工艺不仅提高了抗压承载力，同时也使其具有了远非普通直桩可比的高抗拔承载力。本章结合实际工程，通过现场载荷试验及桩身应力测试，来探讨挤扩支盘桩的抗拔性能及受荷机理，并提出支盘桩抗拔承载力的实用计算公式，从而建立挤扩支盘桩的抗拔承载力理论。

3.1 抗拔支盘桩的荷载传递机理

3.1.1 工程概况

结合太原市高新技术开发区某通信综合楼的现场测试项目进行了本次抗拔试验，该综合楼的主楼高 17 层（69m）、局部高 3 层，框筒结构。建筑基础采用桩筏基础，筏片厚1.5m；建筑桩基有两种形式，第一类为竖向抗压桩，第二类为竖向抗拔桩，本次试验只考虑其抗拔部分。其中竖向抗拔桩的施工工艺为挤扩支盘，设计参数如下：

试桩的桩长为 31.3m（工程桩桩长 19.7m），主桩径 700mm，设两个直径 1.4m、高1.3m 的支盘，上盘位于桩顶以下 17.85m，下盘位于桩顶以下 23.85m（以支盘最大直径处计），单桩竖向抗拔极限承载力标准值要求不小于 3000kN（包括 11.6m 空桩），混凝土等级为 C35。

试验时间为 2004 年 1 月～2 月。场地各土层的力学性质见表 3-1[1]。

场地土层分布情况表 表 3-1

序号	土层名称	厚度 (m)	承载力特征值 (kPa)	压缩模量 E_{s1-2}(MPa)	桩侧摩阻力 极限值 q_s(kPa)	桩端阻力 极限值(kPa)
①₁	粉土	3.20	100	5.95	35	
①₂	粉土	4.34	90	8.22	35	
②₁	粉土	4.08	110	11.88	60	
②₂	粉土	3.41	150	10.61	60	700
③	中粗砂	2.71	200		65	700
④	粉土	2.29	150	8.13	65	1000
⑤	细中砂	7.49	280	14.45	70	1000
⑥	细砂	5.10	220	14.86	60	1200
⑦	粉质黏土	9.77	200	8.98		
⑧	中砂	3.98	300			
⑨	粉土	3.22	260	11.20		

3.1.2　试验设计

1. 设计 3 组抗拔静载荷试验，目的是测试挤扩支盘桩的单桩抗拔极限承载力并探讨其桩顶荷载-上拔量（P-Δ）曲线的形态特征。每组试验采用 2 根锚桩（抗压）和 1 根反力梁作为反力装置，如图 3-1 所示，使用两个 QW-320 型油压千斤顶进行分级加（卸）载，用百分表量测桩顶上拔位移，试验过程采用慢速维持荷载法。

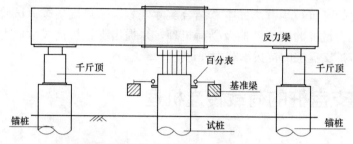

图 3-1　单桩竖向抗拔静载荷试验反力系统布置图

2. 为了了解挤扩支盘桩在上拔荷载作用下的轴力变化规律及支盘阻力、桩侧摩阻力的分布特征，特在 3 组抗拔静载荷试验中的 1 号、2 号试桩的对称的两根主筋上安装了钢筋应力计。钢筋应力计沿桩身分别布置于 7 个截面，与主筋采用搭接焊连接，其具体位置见图 3-2。

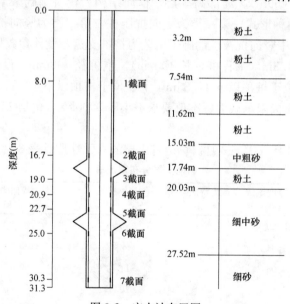

图 3-2　应力计布置图

3.1.3　试验结果及分析

3.1.3.1　静载荷试验结果及分析

1. 单桩竖向抗拔极限承载力取值

3 组抗拔试桩的上拔荷载与桩顶上拔量的关系曲线分别见图 3-3、图 3-5 和图 3-7；

"上拔量"与"测试时间取常用对数"的关系曲线（即 Δ-log$t$ 曲线）分别见图 3-4、图 3-6、图 3-8。由于工程设计的需要，试桩的最大加载量和最大上拔量受到限制，1 号、2 号抗拔试桩均未加载至实际极限荷载，只加载至设计极限值 3000kN；仅有 3 号桩应多方要求确定为比前 1 号、2 号试桩多加载 2～3 级（即 300～900kN）。根据试验结果，1 号、2 号桩顶总上拔量分别为 17.793mm、16.156mm，在荷载施加范围内 2 根试桩的 P-Δ 曲线均未出现明显的陡升段，Δ-log$t$ 曲线也未出现明显的向上弯曲，故 1 号、2 号抗拔试桩的单桩竖向抗拔极限承载力为 3000kN；3 号抗拔试桩加载至 3600kN 时桩顶总上拔量为 20.193mm，但当施加下一级荷载 3900kN 时桩顶上拔量急剧增大，且其 Δ-log$t$ 曲线也出现明显的向上弯曲现象，根据桩基规范[2]等规定 3 号单桩竖向抗拔极限承载力应为 3600kN。从 1 号、2 号试桩 P-Δ 曲线的变化趋势并结合 3 号试桩的试验结果，1 号、2 号试桩的抗拔极限承载力均可外推 2 级荷载而取值为 3600kN。因此单桩竖向抗拔极限承载力标准值可取为 3600kN。

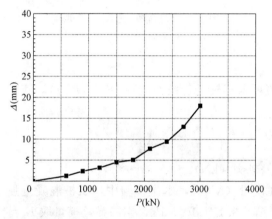

图 3-3　1 号抗拔试桩 P-Δ 曲线

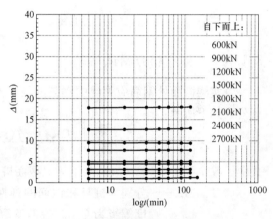

图 3-4　1 号抗拔试桩 Δ-log$t$ 曲线

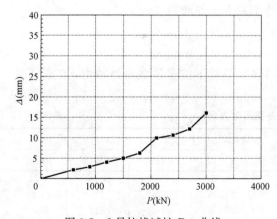

图 3-5　2 号抗拔试桩 P-Δ 曲线

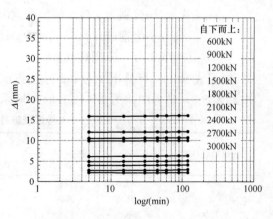

图 3-6　2 号抗拔试桩 Δ-log$t$ 曲线

2. P-Δ 曲线形态

从 3 组抗拔试桩 P-Δ 曲线的变化趋势来看，P＝1800kN 之前曲线基本上呈线性变形阶段，在 1800～2000kN 左右上拔量 Δ 增长较快，在此之后上拔量的增长又缓和下来。结合后面的桩身应力测试结果可知，这一阶段为桩侧摩阻力向支盘阻力的转化过渡阶段，在

41

此之后支盘阻力显著发挥，曲线又变得比较平缓。因此，挤扩支盘桩的 P-Δ 曲线为有突变的缓变形曲线，突变之处正是支盘作用开始显著发挥的重要标志。

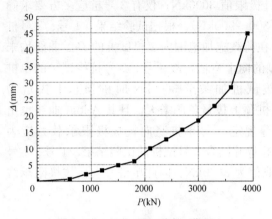

图 3-7　3 号抗拔试桩 P-Δ 曲线

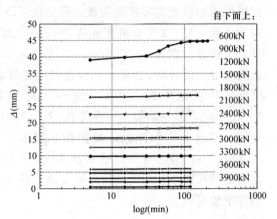

图 3-8　3 号抗拔试桩 Δ-$\log t$ 曲线

3.1.3.2　桩身轴力测试结果

由实测截面处钢筋应力计中钢弦的频率值可求得桩身各截面的轴力 N（i，j），其计算公式如下所示：

$$N(i,j)=\frac{[f(0,j)-f(i,j)]\cdot K}{A_g}\left(\frac{E_p \cdot A_p}{E_s}+A_{sj}\right)$$（3-1）

式中　$N(i，j)$——第 i 级荷载下第 j 截面桩身轴力（kN）；

　　　E_p，E_s——分别为桩身和钢筋的弹性模量（MPa），本次试验中，试桩混凝土强度等级为 C35，近似地取 $E_p=3.15\times10^4$ MPa，钢筋弹性模量取 $E_s=2.1\times10^5$ MPa[3]；

　　　A_p，A_{sj}——分别为 j 截面的桩身混凝土面积和主筋面积（m²）；

　　　A_g——为钢筋计（ϕ_{12}）的截面积（m²）；

　　　$f(0，j)$，$f(i，j)$，K 同式（2-1）。

根据式（3-1）计算出 1 号、2 号抗拔试桩各级荷载下桩身各截面处轴力，汇总于表 3-2 和表 3-3，轴力图如图 3-9 和图 3-10 所示。

1 号试桩桩身各截面轴力表　　　　　　　　表 3-2

桩顶荷载（kN）	各截面轴力（kN）						
	1 截面	2 截面	3 截面	4 截面	5 截面	6 截面	7 截面
600	285.6	128	91	81.5	71.4	49.6	1.24
900	551.2	330	262	210.5	174	139	10.24
1200	823.5	514	410.1	356.8	276.4	229	15.7
1500	1000.4	645.5	460.6	403.7	323.4	250.7	24.8
1800	1228.3	796.4	550.3	462.3	372.4	282.3	36.7
2100	1478	993	594	508.9	430.6	287.1	49.6
2400	1756	1187	656	594.5	501	265	49.6
2700	1953	1435	820	737	661	273	62.3
3000	2228	1712	1050	952	908	339	70.3

桩顶荷载(kN)	各截面轴力(kN)						
	1 截面	2 截面	3 截面	4 截面	5 截面	6 截面	7 截面
600	223	126	113	88	42	33	0
900	404.5	205	178	124	63	41	11
1200	600	307	252	165	98	67	13
1500	770.3	432	330	223.1	153	97	23
1800	1034	650	482	358	283	173	36
2100	1339	905	563	446	370	178	46
2400	1637	1135	655	590	492	223	59
2700	1950	1432	789	736	640	240	73
3000	2220	1704	995	912.3	840	288	80.5

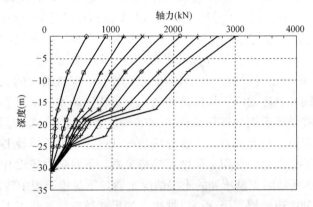

图 3-9　1 号抗拔桩轴力图

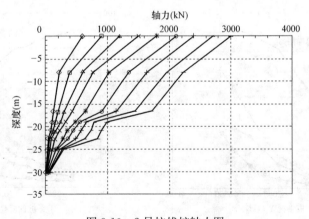

图 3-10　2 号抗拔桩轴力图

　　由图 3-9 和图 3-10 看出，挤扩支盘桩在上拔荷载作用下的抗拔轴力分布曲线类似于抗压轴力分布曲线，即轴力随着深度的增加而减小，值得注意的是在加荷后期两个支盘的上下截面处表现为轴力陡降，这部分轴力的损耗主要由支盘来承担，从而使得支盘桩在上拔荷载作用下的荷载传递特性与直桩相比发生了显著变化。为了更清楚地看清这一点，从支盘阻力和桩侧摩阻力两方面来探讨挤扩支盘抗拔桩的荷载传递规律。

43

3.1.3.3 支盘阻力和桩侧摩阻力的荷载传递规律

1. 支盘阻力

根据桩身轴力测试结果，可分别计算出 1 号、2 号桩在每级荷载下支盘所承担的荷载值（即支盘阻力），如图 3-11 和图 3-13 所示。桩顶总荷载中支盘阻力所占比例随荷载的变化曲线如图 3-12 和图 3-14 所示。由图可知，在加荷初期，总荷载主要由桩侧摩阻力承担，支盘作用不太显著，例如，当桩顶荷载为 600kN 时，1 号桩两支盘承担总荷载的 9.5%，2 号桩两支盘承担 3.7%，而 2 号桩的侧摩阻力就承担了 96% 以上。随后支盘承担的荷载逐渐增大，但较为缓慢，直至桩顶荷载达到 1800kN 时支盘也只承担荷载的 18% 左右；与此对应，桩侧总摩阻力呈快速增长趋势（图 3-11 和图 3-13）。但当桩顶荷载超过 1800kN 后支盘明显发挥作用，随着桩顶荷载的增加，支盘承担的荷载越来越大，当荷载达到设计极限荷载 3000kN 时，1 号桩支盘承担的上拔荷载已达到总荷载的 41%，而且还有上升的趋势，2 号试桩也有这样的规律。只可惜由于多种原因所致，试验时 1 号、2 号桩当桩顶荷载达到设计要求的极限值 3000kN 后没有继续加载下去。

由图 3-11～图 3-14 还可看出，在上拔荷载作用下各支盘阻力的发挥与受压时相似，同样具有明显的时间和顺序效应。从加荷初期，上盘作用的发挥就早于下盘，表现为比下盘承担更多荷载；在受荷后期（桩顶荷载达 2400～2700kN 之后）上盘阻力的增长速率逐渐变缓而接近其极限值，与此同时，下盘分担的荷载迅速增长，接替上盘来承担更多的荷载增量，以此达到补偿上盘的作用。从增长趋势来看，下盘阻力还没有充分发挥，仍存在较大潜力；从图 3-2 所示两支盘所处的土层情况来看，下盘位于细中砂，其承载力和压缩模量均大于上盘所处中粗砂层，因此可以推想，如果能够继续加载下去，下盘所承担的荷载势必会达到并超过上盘。

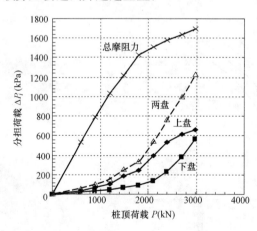

图 3-11 1 号抗拔桩 ΔP_i-P 关系曲线

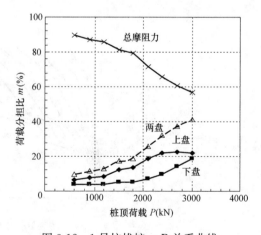

图 3-12 1 号抗拔桩 m-P 关系曲线

为了说明两支盘阻力之和随桩顶荷载的变化率，图 3-15 绘出 1 号、2 号桩每一级荷载增量下（每级桩顶总荷载增量为 300kN）上、下两支盘共同承担的荷载比例。桩顶荷载为 900kN 时，支盘承担总荷载增量的 20% 以下；桩顶荷载增至 1800kN 时，支盘也只不过承担总荷载增量的 25%～40%；此后支盘分担的荷载增量迅速增长，当桩顶荷载为 2700kN 时，支盘承担了总荷载增量的 80%～90%。这充分说明支盘在上拔荷载作用下，对其上端土体产生压应力，土阻力明显增加，作为其反作用力的支盘阻力自然也随之增加，且上拔位移和桩顶荷载越大，其增加速率越快，直至接近桩顶极限荷载时其增加速率达到最大值。之后，该两条曲线开始下降，其原因是上支盘阻力已基本接近其极限值而增长非常缓慢（图 3-11 和图 3-13）。

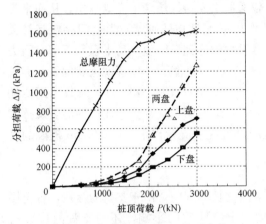

图 3-13　2 号抗拔桩 ΔP_i-P 关系曲线

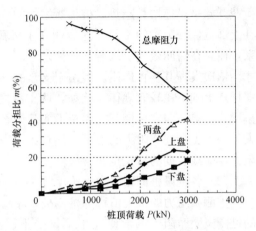

图 3-14　2 号抗拔桩 m-P 关系曲线

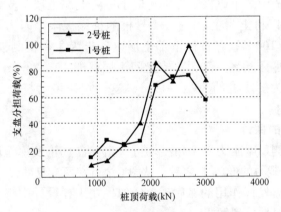

图 3-15　每级荷载增量下支盘分担荷载

2. 桩侧摩阻力

在上拔荷载作用下挤扩支盘桩的荷载传递中，桩侧摩阻力依然起着重要作用，但其组成特性既不同于等截面直桩，也与受压桩有着较大区别。这一点可从 1 号、2 号试桩的具体试验数据中看出。

桩身各段的总摩阻力 Q_{si} 和平均摩阻力 q_{si} 可按下式计算：

$$Q_{si}=N_i-N_{i-1} \tag{3-2}$$

$$q_{si}=\frac{Q_{si}}{Ul_i} \tag{3-3}$$

上面两式中，N_i 为桩身轴力；U 为桩身周长；l_i 为桩身分段长度。

（1）各桩段摩阻力 q_{si} 的分布特征：

以两个支盘为界，1号、2号桩从上至下大体可分为3个直桩段，各段的摩阻力 q_{si} 绘制成图3-16、图3-17。在加载初期阶段，桩顶上拔荷载主要由盘上直桩段（0～16.7m 桩段）的侧摩阻力来承担，表现为随着桩顶荷载快速增长，但当桩顶荷载超过 1800kN 后其增长明显变缓（并逐渐接近其极限值）；与此同时，从图3-11、图3-13 中可知支盘分担的荷载开始呈迅速增长趋势，桩顶所增加的总荷载增量主要转嫁给两个支盘承担，从而来弥补上部桩侧摩阻力的不足。这表明在上拔荷载作用下支盘和桩侧摩阻力之间存在互补关系，而且在时间效应上来看，往往是上部桩侧摩阻力先达到极限值之后支盘和下部摩阻力才会依次发挥其各自作用。但由于支盘的存在，下部土层摩阻力的发挥就远非像等截面桩那样从上到下比较有规律。比如，两支盘之间 19～22.7m 桩段的摩阻力在荷载作用初期呈增长趋势，但在后期基本保持不变甚至略有下降，这说明两支盘后期作用的显著发挥大大制约了支盘间摩阻力的发挥；同样由于支盘的设置，下支盘以下 25～30.3m 桩段的摩阻力在荷载后期的增长也非常缓慢。

（2）各桩段桩侧摩阻力 q_{si} 的数值特征：

桩侧摩阻力的最大值称为桩侧极限摩阻力。沿桩长范围内，由于支盘的存在，各土层的桩侧极限摩阻力的数值大小不仅受土层深度、土层性质的影响，还与支盘的位置有关。为了便于比较，我们不妨与抗压桩的侧摩阻力极限值（参考表3-1）分段作一对比。图3-16 和图3-17 中 3 个直桩段分别对应于桩侧上部土层、支盘间土层及桩侧下部土层。桩侧上部土层以粉土为主，1号、2号桩的桩侧极限摩阻力均为 35kPa 左右，大约为抗压桩的 60%～100%；在桩侧下部土层以砂土为主，桩侧极限摩阻力仅为 20～25kPa，发挥到抗压桩的 30%～50%；支盘间土层（即 19～22.7m 桩段），桩侧极限摩阻力为 20～25kPa，为抗压桩的 30%～50%。这一规律可为挤扩支盘桩抗拔极限承载力的计算提供试验依据。

3. 关于支盘位置的探讨

从支盘阻力和桩侧总摩阻力两个角度均可看出支盘真正发挥作用是在桩顶荷载达到 1800kN（设计极限承载力的 60%）之后。从图3-2 可知两支盘的设计位置位于试桩的中、下部，这样便造成支盘发挥作用的滞后现象，如果在工程设计中将支盘位置适当向上提高，支盘阻力便可更早地得到发挥。

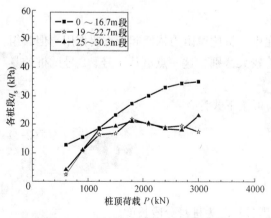

图 3-16　1 号桩各桩段 q_s-P 关系曲线

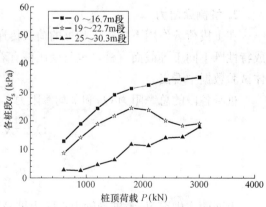

图 3-17　2 号桩各桩段 q_s-P 关系曲线

3.2 单桩抗拔承载力计算

3.2.1 抗拔承载力的计算方法

3.2.1.1 支盘桩抗拔承载力研究现状

对于等截面桩在竖向上拔荷载作用下的荷载传递机理及设计方法与在竖向压力作用下相比不成熟得多，所以对于抗拔承载力的计算方法，迄今仍处于套用抗压桩设计方法的阶段。即以桩的抗压侧阻力值导入一个经验折减系数作为抗拔侧阻力值以估算桩的抗拔承载力[4,5]。

挤扩支盘桩作为一种特殊的桩型，在承担上拔荷载时，除了这部分桩侧抗拔阻力外，支盘的抗拔阻力也起着非常重要的作用，并且随着支盘设置深度的不同，对单桩抗拔承载力有着不同的贡献甚至影响到桩的破坏形态。梅耶霍夫-亚当斯（Meyerhof-Adams）曾在砂土和黏性土中进行过扩底桩的模型试验[6]，试验证明：对于浅基础，抗拔力随着深度的增加而增加，在较硬的黏性土中和密砂中出现明显的滑裂面或张性裂隙，滑裂面呈倒圆锥形。在文献［7］中钱德玲认为挤扩支盘桩在上拔时的受力条件与扩底桩非常类似，最上面的支盘处也会出现一个从支盘边缘以一定的弧线向地面延伸的滑动面。所以，在计算支盘桩抗拔承载力时应考虑到这个倒圆台形土体的自重，且根据支盘间距不同，桩侧摩阻力的计算模式分为两种类型：当支盘间距大于 4 倍的主桩径 d 时，桩侧摩阻力为主桩侧表面引起的摩阻力；当支盘间距小于 4 倍主桩径 d 时，桩侧摩阻力为与支盘等直径的摩擦圆柱体引起的摩阻力，分别见图 3-18 和图 3-19。

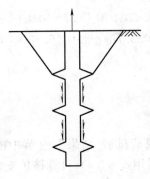

图 3-18 盘间距大于 $4d$

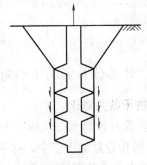

图 3-19 盘间距小于 $4d$

3.2.1.2 支盘桩抗拔承载力实用计算公式的提出

现有的一些针对支盘桩抗拔承载力的计算公式，尽管考虑的承载力影响因素较为全面，但总的说来偏于理论化，在工程应用中尚不太实用。工程中对于抗拔承载力的计算主要关心以下一些问题：桩侧摩阻力如何取值，与抗压桩的桩侧摩阻力有何关系；支盘阻力如何取值才能更接近实际；支盘的施工工艺对桩侧摩阻力有何影响等。

挤扩支盘桩在工程应用中一般情况下支盘间距均大于 4 倍主桩径 d，笔者根据挤扩支盘桩在"通信信息综合楼"等多个工程中的应用情况，通过与普通抗压桩的数据对比，提出抗拔侧阻经验折减系数 α，以便将抗压桩的桩侧摩阻力取值加以修正后用于抗拔支盘桩的承载力计算。并进一步提出挤扩支盘桩抗拔极限承载力的实用计算公式：

$$P_{uk}=U\sum\alpha p_{sik}L_{ei}+\sum\beta_i\psi_{pi}q_{pi}A_{pbi} \tag{3-4}$$

式中　α——抗拔侧阻经验折减系数，可取 0.4～1.0，按以下原则取值：

桩侧上部土层（上支盘以上）取 0.6～0.8，砂土取较小值，粉土、黏性土取较大值；桩侧下部土层（下支盘以下）取 0.4～0.6，砂土取较小值，粉土、黏性土取较大值；设置支盘的土层及支盘之间土层取 0.3～0.5；

U——桩身周长（m）；

p_{sik}——第 i 层土极限摩阻力标准值（kPa），取抗压桩的数值；

L_{ei}、q_{pi}、A_{pbi}、β_i、ψ_{pi} 同式（2-12）。

公式（3-4）适用于一般工程中支盘间距大于 4 倍主桩径 d 的情况。

3.2.2　单桩抗拔承载力计算公式的工程应用

仍以前述"通信信息综合楼"桩基工程为例，来探讨一下该抗拔承载力计算公式的应用情况。

3.2.2.1　单桩抗拔承载力计算

根据场地土层情况分析，拟采用 700mm 直径，试桩桩长为 31.3m（包括 11.6m 空桩）。采用了两个支盘，直径 1.4m，分别位于第③④层中粗砂、粉土层和第⑤层细中砂层，详见图 3-2。单桩抗拔极限承载力按式（3-4）计算：

$P_{uk}=U\sum\alpha p_{sik}L_i+\sum\beta_i\psi_{pi}q_{pi}A_{pbi}=2.2\times(0.7335\times3.2+0.7\times3534.34+0.7\times6034.08+0.7\times6033.41+0.4\times6533.05+0.4\times7035.54+0.5\times6033.78)+1.0\times0.83\times700\times1.15+1.0\times0.83\times1000\times1.15=3486kN$

3.2.2.2　计算值与实测值的对比

1. 单桩承载力对比

极限承载力计算值 3486kN 与前述 3.1.3.1 "静载荷试验 结果"一节中的实测值 3600kN 比较接近且偏于安全，这说明在实际工程中可采用式（3-4）计算挤扩支盘桩的抗拔极限承载力，系数取值客观、计算结果安全可靠。

2. 支盘承载力对比

两个支盘的承载力计算值分别为 668kN 和 954kN，从图 3-11 和图 3-13 可知 1 号、2 号桩的上支盘阻力均已基本上达到其极限值，分别为 662kN、709kN，可见与计算值 668kN 比较接近；在试验中由于试桩加载条件的限制，下支盘阻力还未达极限，如果从其增长趋势和支盘上端的土层性质来看，下支盘的承载潜力远比上支盘大。可见支盘承载力的计算与实测值也比较吻合。

3.2.2.3　挤扩支盘桩和普通直桩的计算承载力对比

为了和普通灌注桩进行对比，可计算同桩长（31.3m）、同桩径（700mm）的普通灌注桩的单桩竖向抗拔极限承载力（根据有关规程、规范及《桩基工程手册》[4]，桩侧摩阻力折减系数取为0.7），计算如下：

$$Q_{uk} = U \sum 0.7 q_{sik} \Delta Li \quad\quad\quad (3-5)$$
$$= 2.20 \times (0.7 \times 2533.2 + 0.7 \times 2534.34 + 0.7 \times 5034.08 + 0.7 \times$$
$$5033.41 + 0.7 \times 6032.71$$
$$+ 0.7 \times 6032.29 + 0.7 \times 6037.49 + 0.7 \times 5033.78) = 2300 kN$$

支盘桩与普通钻孔灌注桩混凝土用量及承载力对比如表3-4所示。

普通灌注桩与挤扩支盘桩承载力对比　　　　　　表3-4

桩型	桩径 (mm)	桩长 (mm)	混凝土用量(m³)		摩阻力 (kN)	支盘承载力(kN)	单桩极限承载力		承载力/单方混凝土	
			主桩	支盘			(kN)	(%)	(kN/m³)	(%)
直桩	700	31.3	12.05	—	2300		2300	100	190.9	100
支盘桩	700	31.3	12.05	2.50	1864	1622	3486	151	239.6	126

由计算分析可知，挤扩支盘桩增加了两个支盘后，比直桩混凝土用量增加20%，单桩抗拔极限承载力却比普通直桩大约提高了50%，单方混凝土承载力提高了26%。因此，挤扩支盘桩由于其特殊的造型和施工工艺，用作抗拔桩同样具有可观的经济效益和社会效益。

3.3　本章小结

本章首次用埋设钢筋应力计的方法测试并探讨了挤扩支盘桩在上拔荷载作用下的荷载传递机理，并提出了挤扩支盘桩抗拔极限承载力的实用计算方法[8]。具体可得出如下结论：

（1）根据桩身应力测试结果，挤扩支盘桩在上拔荷载的作用初期，支盘作用不显著，随着桩顶荷载的增加，支盘承担的荷载越来越大，当接近极限荷载时，支盘则承担总荷载的40%以上。

（2）挤扩支盘桩在上拔荷载的作用下，桩侧摩阻力极限值的发挥小于抗压桩的桩侧摩阻力极限值，依此提出抗拔侧阻经验折减系数 α，可用于挤扩支盘抗拔桩的承载力计算。

（3）提出挤扩支盘桩抗拔极限承载力的实用计算公式（3-4），静载荷试验结果证明其计算结果安全可靠，系数 α 取值客观；由于该计算公式简便实用，可推广应用于工程设计中。

（4）挤扩支盘桩在上拔荷载的作用下，由于支盘阻力的作用，P-Δ 曲线为有突变的缓变形曲线。

（5）计算分析结果表明，挤扩支盘桩同普通直桩相比，由于其特殊的造型和施工工艺在混凝土用量增加不多的情况下单方混凝土承载力提高了26%，经济效益十分可观。

（6）支盘的设计位置如果相对靠下，会发生支盘作用发挥滞后现象，建议在今后的课题中进一步探讨支盘的位置与其承载力发挥的关系。

参考文献

[1] 山西省建筑设计研究院. 山西省通信公司山西通信信息技术研发基地岩土工程勘察报告. 2003.

[2] 中华人民共和国行业标准. 建筑桩基技术规范 JGJ 94—2008. 北京：中国建筑工业出版社，2008.

[3] 中华人民共和国国家标准. 混凝土结构设计规范 GB 50010—2010. 北京：中国建筑工业出版社，2010.

[4] 桩基工程手册编写委员会. 桩基工程手册 [M]. 北京：中国建筑工业出版社，1995.

[5] 陈仲颐，叶书鳞. 基础工程学 [M]. 北京：中国建筑工业出版社，1990.

[6] 史佩栋. 实用桩基工程手册 [M]. 北京：中国建筑工业出版社，1999.

[7] 钱德玲. 具有高抗拔性能的支盘桩在工程中的应用研究 [J]. 岩石力学与工程学报，2003，22（4）：678～682.

[8] 巨玉文. 挤扩支盘桩力学特性的试验研究及理论分析 [D]. 太原：太原理工大学，2005.

第4章 支盘试件的强度试验研究

挤扩支盘桩是在普通灌注桩基础上研制出来的一种新型桩型，它与普通钻孔灌注桩的主要区别在于支盘的设置和其特殊的施工工艺。在承载机理上，挤扩支盘桩是利用支盘将荷载逐一传递到不同深度较好的土层，用分层承载的方法逐一卸荷，减小桩端荷载和沉降，使桩具有较高的承载力。可见支盘及其周围挤压过的土体是挤扩支盘桩高承载力和低压缩量的关键所在。因此，为使挤扩支盘桩的抗压、抗拔承载力得到充分发挥，首先应保证支盘在强度方面具有足够的承载力。但目前对支盘的破坏机理尚不清楚，更缺乏支盘承载力的计算方法。本章从支盘的室内模型试验入手，深入研究支盘的力学性能，从而建立支盘的强度理论，以填补挤扩支盘桩的研究空白。

4.1 关于支盘破坏形态的概述

从破坏对象来看，支盘的破坏形态可分为两种，第一种为支盘下端土体的剪切破坏；第二种为支盘本身的强度破坏。从现在国内外的研究现状来看，研究者们只是对第一种破坏形态做了比较深入的研究，理论方面也相对成熟。

参考文献 [1]，单个支盘的受力状况如图 4-1 所示，支盘底端 AB 面上既有正压力 N 的作用，又有摩阻力 f 的作用，因此支盘底部土体既有支盘端阻力的抗压缩特点又有摩阻力的抗剪切特点。当桩土相对位移达到极限平衡时，支盘端阻由法向抗力 N 和剪切作用力 f 构成。当桩土间产生较小位移时，支盘底部土体受到压密。位移较大时，土体则沿 AB 面发生滑动，这时摩阻力在承力时则起主导作用，土体的移动主要是克服这部分摩阻力而做功。摩阻力大小取决于挤密后土体 c 值、w 值、桩土间的摩擦系数 μ、斜面角度 α 及轴力 F，可用等效极限摩阻力 τ_f 表示为

$$\tau_f = \frac{F}{(\cos\alpha + \mu\sin\alpha)A}\tan\varphi + c \qquad (4\text{-}1)$$

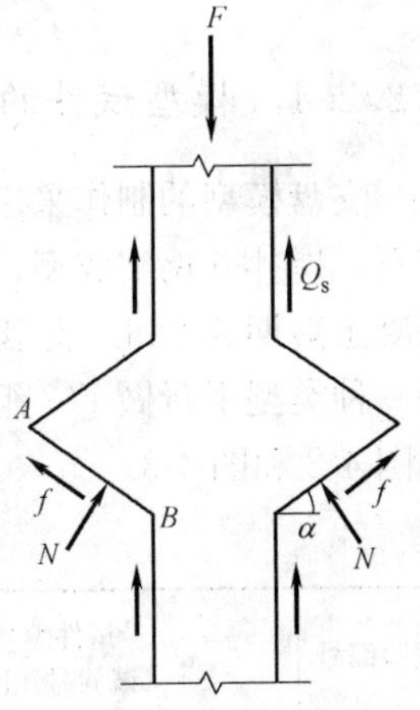

图 4-1 土层中支盘受力分析

式中 A——支盘的面积；

$c，\varphi$——采用固结快剪指标。

当挤扩支盘桩由多个支盘组成时，支盘总承力则是各支盘摩阻力之和。在极限荷载作用下，当支盘底部土体内的剪应力大于摩阻力 τ_f 时，挤扩支盘桩即产生剪切破坏，这种破坏实质上是土体的剪切破坏，有完整的剪切破坏面。

工程应用中，往往在支盘局部尺寸薄弱处或混凝土强度较低处（支盘的混凝土质量比桩身较难保证）发生第二种破坏形态即支盘本身的强度破坏，从而直接影响到挤扩

支盘桩的极限承载力。可惜现在还没有这方面的研究资料，本章以支盘的室内模型荷载试验为基础，重点探讨支盘的破坏机理和承载力计算公式，以填补该领域的设计和研究空白。

4.2 试验方案概述

4.2.1 试验目的

支盘模型试验的主要目的是解决以下问题：

1. 按工程设计及应用中的常规尺寸做成支盘模型试件，通过荷载试验探讨桩身与支盘二者哪一个首先发生强度破坏，并探讨其破坏形态。

2. 在假设桩身强度足够大的前提下，通过破坏性荷载试验探讨支盘的破坏形态和破坏机理，分析支盘承载力的影响因素，建立支盘承载力计算公式。

3. 通过有限元分析探讨支盘高宽比（h/b_1）的变化对支盘受力及破坏特性的影响，以补充和完善试验内容。

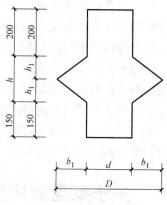

图 4-2　支盘模型示意图

4.2.2 试验技术线路

4.2.2.1 模型试件的制作

支盘模型的制作采用太原水泥厂生产的 425 号普通硅酸盐水泥、中砂、10～20mm 的碎石，搅拌并捣实成型，混凝土强度设计等级为 C25，钢模，室外自然环境养护，试验时混凝土龄期为 28d。支盘模型（模型率为 1：5）共制作 A、B、C、D、E、F 六种类型，每一种类型平行做了 3 组试件，具体尺寸如表 4-1 所示。支盘模型示意图和模型试件分别见图 4-2 和图 4-3。

支盘模型尺寸分类表　　　　　　　　　表 4-1

试验编号	试件编号（试验号-组号）			盘径比（D/d）	高宽比（h/b_1）	d(mm)	D(mm)	b_1(mm)	h(mm)
A	A-1	A-2	A-3	2	2	150	300	75	150
B	B-1	B-2	B-3	2	2.5	150	300	75	188
C	C-1	C-2	C-3	2.5	2	150	375	113	226
D	D-1	D-2	D-3	2.5	2.5	150	375	113	283
E	E-1	E-2	E-3	3	2	150	450	150	300
F	F-1	F-2	F-3	3	2.5	150	450	150	375

注：表中 d、D、b_1、h 的尺寸定义参见图 4-2。

图 4-3　支盘模型试件

4.2.2.2　试验装置与试验方法

1. 支盘土层模拟装置

实际工程中，支盘上下的土体由于经过挤扩设备的挤压作用其强度和压缩模量大幅度提高，为了在试验室的条件下模拟这种特殊的土质状况，在试验前专门制作了一个直径为 600mm，高 800mm 的钢筒。试验时在筒内中心位置先放入一内径为 160mm，高为 250mm 的中空钢管，在钢管周围分层放入砂土，然后用振捣棒分层捣实，将支盘模型放入钢筒内中心位置且确保支盘下部直桩部分刚刚伸入中空钢管内，支盘周围土体进一步填充捣实后即可将钢筒吊放在压力机平台上施加竖向压力。由于钢管内的空间足以保证支盘下部直桩部分自由下降，施加压力的结果是使支盘受到压缩-剪切荷载，直至发生强度破坏。从图 4-4 和图 4-5 可进一步了解模拟土层装置及支盘模型的安装过程。

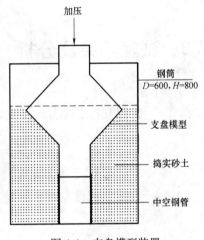

图 4-4　支盘模型装置

2. 试验装置与试验方法

本次试验按表 4-1 所列的 6 种类型的支盘模型试件做荷载试验，试验安排如下：

（1）选第 1 组模型试件 A-1～F-1 只进行荷载试验；

（2）选第 2 组模型试件除进行第（1）条试验内容外，同时在支盘的上下盘面贴电阻应变片，以测定加载过程中支盘的应力变化规律；

（3）选第 3 组模型试件留做备用试件或后续课题使用。

每组模型试件在拌制混凝土时均留出 150mm×3150mm×3150mm 立方体试块一组做标准养护以测定混凝土的强度等级。

整个试验系统由加载装置（如图 4-5 所示）、应变测量装置（只对第 2 组试件）和数据采集装置组成。用 YAW-5000 型微机控制电液伺服压力试验机施加并量测竖向荷载，用CM-2B型静态电阻应变测量仪测定上下盘面混凝土的应变值。加载过程的荷载、变形数据由微型计算机控制采集、输出。

第1组支盘模型试件的试验采用"位移控制"的连续加载方式，直至试件彻底破坏。

第2组支盘模型试件的试验采用"力控制"的逐级加载方式，每级荷载增量为预估破坏荷载的10％～15％，临近破坏时减半，每级加荷后持荷4～5min，然后进行观测、读数。

图4-5 试验加载装置

4.3 试验结果及分析

4.3.1 支盘的破坏形态及承载力分析

4.3.1.1 试验结果

A-1～F-1支盘试件只做了荷载试验，试验结果表明6个不同尺寸规格的试件均在支盘破坏之前发生了直桩部分的强度破坏，其荷载-位移曲线见图4-7～图4-12中的右侧。

有试验表明[2]：混凝土振捣不实强度下降8％；靠近构件表面的混凝土比内部的强度低5％～10％，……挤扩支盘桩在工程应用中，盘腔成型后支盘部分混凝土的浇注、振捣工艺均比直桩部分差，且盘体位置又在桩体的边缘处，所以工程应用中的支盘实际强度比桩身差10％～20％。支盘与桩身混凝土的这种强度差异往往会造成支盘先于桩身而发生强度破坏。因此，针对性地研究和探讨支盘的破坏形态和承载力计算有其重要的工程意义。鉴于此原因，本次试验中在模型试件发生直桩部分的破

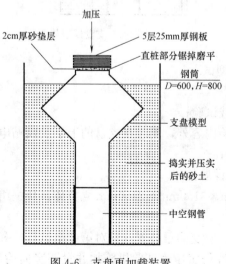

图4-6 支盘再加载装置

坏后，继续对支盘部分施加轴向荷载，直至支盘发生强度破坏而终止试验。加载方式见图4-6，有限元分析结果表明这种加载方式与通过直桩部分的加载方式（第一次加载）相比对支盘内应力的影响较小，可忽略其影响。支盘部分的荷载-位移曲线绘于图4-7～图4-12中的左侧。

图4-7～图4-12中荷载为压力试验机施加的竖向荷载的实测读数。图中位移为支盘相对于钢筒的向下位移量（由压力试验机量测），其中包括支盘底部土层的压缩量和支盘本身的变形。直桩部分破坏之前的位移主要为土层的压缩量；直桩部分破坏之后，由于盘底土层已被压实，对支盘部分重新加载引起的位移主要为支盘本身的变形（包括支盘的弹性变形、塑性变形及加载后期盘身混凝土破坏后各部分之间的相对滑动位移）。

模型 A：

支盘试件 A-1 直桩部分破坏的荷载最大值达到 240kN，最终位移为 71mm；支盘部分破坏的荷载最大值达到 292kN，最终位移为 27.5mm。其荷载-位移曲线如图 4-7 所示。

模型 B：

支盘试件 B-1 直桩部分破坏的荷载最大值达到 245kN，最终位移为 60.8mm；支盘部分破坏的荷载最大值达到 355kN，最终位移为 27mm。其荷载-位移曲线如图 4-8 所示。

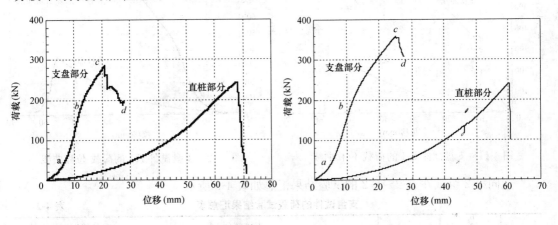

图 4-7　支盘试件 A-1 的荷载-位移曲线　　　图 4-8　支盘试件 B-1 的荷载-位移曲线

模型 C：

支盘试件 C-1 直桩部分破坏的荷载最大值达到 276kN，最终位移为 55mm；支盘部分破坏的荷载最大值达到 470kN，最终位移为 33mm。其荷载-位移曲线如图 4-9 所示。

模型 D：

支盘试件 D-1 直桩部分破坏的荷载最大值达到 235kN，最终位移为 57mm；支盘部分破坏的荷载最大值达到 618kN，最终位移为 33mm。其荷载-位移曲线如图 4-10 所示。

模型 E：

支盘试件 E-1 直桩部分破坏的荷载最大值达到 265kN，最终位移为 58.1mm；支盘部分破坏的荷载最大值达到 700kN，最终位移为 35.8mm。其荷载-位移曲线如图 4-11 所示。

模型 F：

支盘试件 F-1 直桩部分破坏的荷载最大值达到 358kN，最终位移为 64.6mm；支盘部分破坏的荷载最大值达到 882kN，最终位移为 37mm。其荷载-位移曲线如图 4-12 所示。

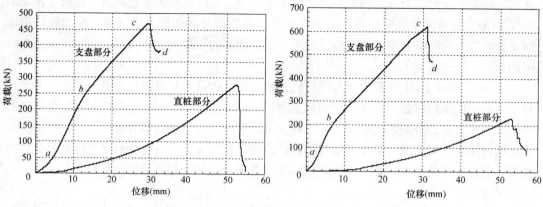

图 4-9　支盘试件 C-1 的荷载-位移曲线　　　　图 4-10　支盘试件 D-1 的荷载-位移曲线

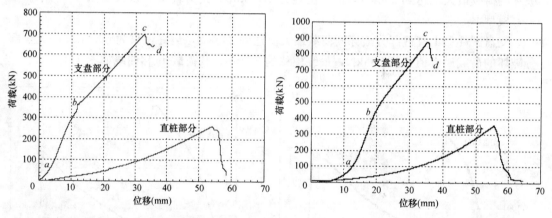

图 4-11　支盘试件 E-1 的荷载-位移曲线　　　　图 4-12　支盘试件 F-1 的荷载-位移曲线

连同第 2 组试件 A-2～F-2 的试验结果汇总如表 4-2 所示。

支盘试件的荷载试验结果汇总表　　　　　　　　表 4-2

试验编号	试件编号	盘径比（D/d）	高宽比（h/b_1）	直桩部分		支盘部分	
				最大荷载（kN）	最终位移（mm）	最大荷载（kN）	最终位移（mm）
A	A-1	2	2	240	71	292	27.5
	A-2	2	2	219	59	250	27
B	B-1	2	2.5	245	60.8	355	27
	B-2	2	2.5	252	65	310	38
C	C-1	2.5	2	276	55	470	33
	C-2	2.5	2	240	58	410	36
D	D-1	2.5	2.5	235	57	618	33
	D-2	2.5	2.5	240	62.5	530	41
E	E-1	3	2	265	58.1	700	35.8
	E-2	3	2	210	62	602	35
F	F-1	3	2.5	358	64.6	882	37
	F-2	3	2.5	220	58	752	40

注：第 1 组试件（即 A-1～F-1）的混凝土立方体抗压强度平均值 $f_{cu,m}=30.5$MPa；
　　第 2 组试件（即 A-2～F-2）的混凝土立方体抗压强度平均值 $f_{cu,m}=25.5$MPa。

4.3.1.2 支盘及直桩部分的破坏形态

1. 直桩部分的破坏形态

由荷载试验结果可知，两组支盘模型中的 12 个试件均首先在直桩部分发生了强度破坏，结合试验中观察到的试件宏观裂缝发展过程（图 4-13）及荷载-位移曲线（图 4-7～图 4-12 中右侧），我们可较为深入地了解其破坏过程和特点。

试件刚开始加载后，荷载随位移（包括盘底土层压缩和直桩部分混凝土的压缩变形）近似按比例增长；继续增大荷载 $P=0.6～0.7P_u$（P_u 为荷载-位移曲线中的峰值荷载）之后，荷载-位移曲线的斜率略微增长，分析其原因，此时盘底土层已基本压实，致使竖向位移增长变缓；当进一步增大荷载时，可观察到直桩部分的中下部出现几条细而短的平行于受力方向的竖向裂缝，此时荷载已达峰值（即 $P=$

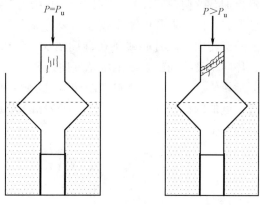

图 4-13　直桩部分破坏形态

P_u）；随后荷载-位移曲线很快进入下降段，竖向裂缝继而发展为宏观斜裂缝，该斜裂缝在变形继续增大的同时不断发展加宽，最后成为一破损带导致直桩部分发生强度破坏。

从以上试验现象及荷载-位移曲线特征可知，直桩部分的破坏形态与混凝土轴心受压构件的破坏形态[2]相吻合，其破坏是由直桩部分的轴向压应力达到混凝土的轴心抗压强度所致。这一点还可从表 4-3（依据表 4-2 中实测数据）的强度计算及比较数值中得到进一步证实。

支盘试件直桩部分的强度计算表　　　　　　　　　　　表 4-3

试验组号	立方体抗压强度平均值 $f_{cu,m}$(MPa)	轴心抗压强度计算平均值 f_{cm}(MPa)	由直桩部分的破坏荷载 P_u 计算的轴心抗压强度平均值 f'_{cm}(MPa)	f'_{cm}/f_{cm}
计算公式		$f_{cm}=0.88\times\psi_c\times\alpha_{c1}\times f_{cu,m}$		
第 1 组	30.5	15.3	15.3	1.0
第 2 组	25.5	12.8	13.0	1.02

注：ψ_c 为成桩工作条件系数，建筑地基基础设计规范规定取为 0.6～0.75，支盘模型构件中取 0.75；
α_{c1} 为轴心抗压强度与立方体抗压强度的比值，取值 0.76[2,3]；0.88 为规范规定的结构强度的修正系数[2,3]。

由支盘构件中直桩部分的破坏形态及试验结果，证实了挤扩支盘桩在工程应用中，如果同时满足以下两个条件：①支盘设计符合常规尺寸（$2\leqslant h/b_1\leqslant2.5$），②支盘和桩身混凝土强度等级相同，则桩身首先会发生轴心受压破坏，支盘不会发生破坏。

2. 支盘的破坏形态及其荷载-位移曲线特点

根据支盘部分的再加荷试验特点，大致绘出支盘的轴对称受力简图（图 4-14a），试验机通过钢板在试件顶部施加轴向荷载（近似模拟实际桩体中轴力传递情况）；支盘底部土层一方面由于受到压缩而产生指向盘底面的法向力，另一方面在与支盘底面的接触面上产生切向摩擦力，支盘在外力作用下其内部形成不均匀的轴对称三维应力场。应力测试结果和有限元分析结果均表明支盘在轴向荷载作用下沿下表面的环向产生较大的拉应力（发生伸长变形），当其拉应力达到混凝土的极限抗拉强度值，或者伸长变形值达到混凝土的极限拉应变时，支盘下表面将首先出现径向裂缝，并且随着荷载的不断增大裂缝逐渐向上（支盘上表面和直桩部分）发展，当加载至极限荷载（峰值荷载）的90％左右时，可观察到已形成明显的上下贯通的径向"伞状"裂缝（见图4-15，该图为A-3试件主裂缝形成并停止加载的俯视照片），一般由5～6条主裂缝组成；此时支盘中从下至上的环向主裂缝也已形成，但裂缝开展宽度较径向裂缝细得多，其开裂位置大致沿图4-14（b）中CD所代表的旋转面。此时荷载还在继续增加，但很快达到峰值后开始急速下降，与此同时径向、环向主裂缝间的混凝土块急速向外鼓凸、剥落，最终导致支盘彻底破坏。主裂缝间的混凝土块体就像一个个"斜向短柱"，呈现为明显的压碎特征，试件破坏后的最终残留部分为一近似圆锥体（图4-16）。发生破坏的区域便是围绕这一圆锥体的外围部分，大致可看成为一个"空心圆台"。

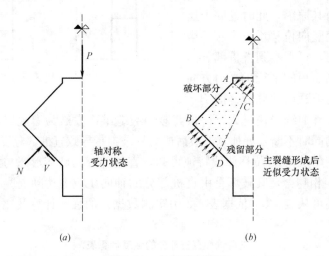

图4-14　支盘受力简图

我们同样还可从支盘的荷载-位移全过程曲线（图4-7～图4-12中左侧），进一步了解支盘的破坏过程，大体将该曲线分为4个阶段：

（1）土层压缩阶段（oa段）：加载初期支盘的向下位移主要由土层的压缩组成，荷载-位移曲线表现为位移比荷载增加较快的曲线段。由于支盘试件已经过第一次加载而将盘底土层压得比较密实，所以这一阶段的变形量并不大，大约占总变形的10％～20％。

（2）线形变形阶段（ab段）：这一阶段荷载随位移基本上呈线性增长，表明土层的压缩量基本上完成，变形主要由支盘本身的弹性变形引起，试件表面无明显变化。

（3）应力加强阶段（bc段）：荷载随位移增长明显变缓，荷载-位移曲线的斜率渐减，充分表明这一阶段混凝土材料进入非线性变形阶段，支盘局部已发生裂缝（比如支盘下表面的径向裂缝）导致承载能力降低，应力再分配[4]之后，承载力继续有一定程度的上升，直至宏观的径向、环向主裂缝形成而逐渐接近其极限荷载。

（4）破坏阶段（cd段）：对应于荷载-位移曲线的峰值荷载（极限荷载）主裂缝间的"斜柱"混凝土部分开始呈现明显的鼓凸、剥落现象，与此同时荷载随位移开始急速下降，最终形成一陡降段，表明支盘的剩余承载力很快下降并消失。

从以上试验现象及分析结果，表明该试验条件下的支盘的最终破坏是主裂缝之间的若干个"斜向短柱"（柱顶为直桩底，柱底为支盘下表面）的受压破坏，所以这种破坏形态可看成为斜压破坏[5]，图 4-14（b）可大致描述其主裂缝形成后直至破坏时的受力状态。

图 4-15 试件 A-3 裂缝分布与破坏形态

图 4-16 试件 E-1 的破坏形态

4.3.1.3 支盘的承载力分析

1. 影响支盘承载力的主要因素

由工程实践经验可知，影响支盘承载力的因素有混凝土强度、支盘的盘径比（D/d）、高宽比（h/b_1）、直桩的配筋量与配筋方式等。由于条件有限，本章只对前三个主要因素加以探讨。

（1）混凝土强度等级

由模型试件的试验结果（表 4-2）可以看出，第 1 组模型试件的标准立方体抗压强度平均值为 30.5MPa；第 2 组模型试件的标准立方体抗压强度平均值为 25.5MPa。尽管 2 组试件的立方体抗压强度均没有达到设计要求（C25），但 2 组试件的强度差异正好便于比较支盘的极限承载力随混凝土强度的变化规律。

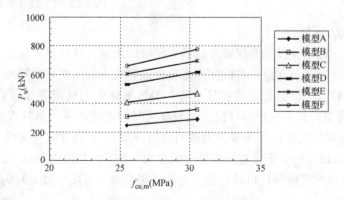

图 4-17 P_u-$f_{cu,m}$ 关系曲线

图 4-17 绘出 6 种不同尺寸的支盘模型试件的极限承载力与混凝土立方体抗压强度 $f_{cu,m}$ 的关系曲线。从图中不难看出，随着混凝土强度等级的提高，支盘极限承载力也相

应地提高，支盘极限承载力与混凝土抗压强度成正比关系。

（2）支盘的高宽比（h/b_1）

支盘的高宽比反映了支盘受力中剪力和弯矩的比值[6]，控制着支盘的破坏形态，也是影响支盘极限承载力的主要因素之一。一般工程中，支盘的高宽比大于等于 2，其破坏形态为斜压破坏。图 4-18 绘出第 1 组支盘模型在支盘平面尺寸相同（盘径比相同）的情况下支盘的极限承载力与支盘高宽比的关系曲线。试验表明随着 h/b_1 的增大，支盘的极限承载力呈增长趋势。

从图 4-18 中还可看出，盘径比（D/d）不同，其 P_u 随 h/b_1 的变化率是不相同的，其中 $D/d=2.5$ 的变化率最大，而 $D/d=3.0$、2.0 时的变化率均较小。分析其原因，支盘的 D、d 在不同的尺寸组合时其破坏时的应力状态略有区别，进而影响到支盘抵抗破坏能力的大小，$D/d\approx2.5$ 可使支盘承载力得到最大程度的发挥。

（3）支盘的盘径比（D/d）

支盘的盘径比（D/d）反映了支盘与直桩部分的平面比例关系，图 4-19 给出第 1 组模型试件的高宽比分别为 2.0 和 2.5 时支盘的极限承载力与支盘盘径比的关系曲线（两条曲线基本上呈平行关系）。试验表明随着 D/d 的增大，支盘的极限承载力呈增长趋势。

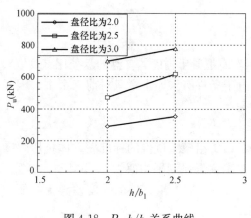

图 4-18　P_u-h/b_1 关系曲线

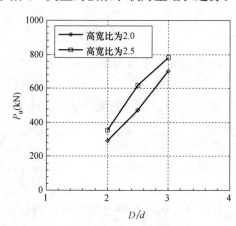

图 4-19　P_u-D/d 关系曲线

2. 支盘承载力计算公式

在支盘设计工程中，首先要保证支盘具有足够的承载力（材料本身）。试验结果表明，对于符合常规设计尺寸的支盘，其破坏形态可大致看成为斜压破坏，因此支盘的承载力验算是指抗斜压承载力。根据支盘的破坏过程，斜压破坏时的极限平衡条件可简化为图 4-20（a）中所示模型，其中每根斜杆代表主裂缝之间的混凝土块，斜杆在破坏时可近似认为轴力为 N_i 的单向压缩杆件（压应力沿截面均匀分布），受力方向与支盘上表面的径向相平行；n 根斜杆的轴力相交于支盘顶面处（近似为一铰 O）与极限荷载 P_u 相平衡。

于是，由 O 点的平衡条件可计算出支盘的极限荷载（极限承载力）为：

$$P_u = \sum_{i=1}^{n} N_i \sin\alpha = f_u \sin\alpha \sum_{i=1}^{n} A_i = f_u A \sin\alpha \qquad (4-2)$$

式中 f_u 为混凝土的轴心抗压强度极限值，A_i 为每根斜杆（即混凝土块）的横截面

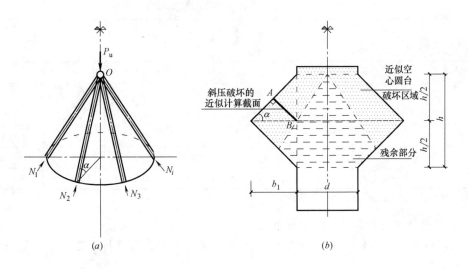

图 4-20　斜压破坏模型

(a) 极限平衡模型；(b) 破坏区域剖面图

积，$\sum\limits_{i=1}^{n}A_i = A$ 就是 n 根斜杆即图 4-20（b）中近似空心圆台破坏区域的横截面积，由于试验中发现该圆台的中部（表面对应于支盘上表面的径向中部）破坏最严重，所以可按图中所示方法取 AB 线旋转而成圆台侧面作为计算 $\sum\limits_{i=1}^{n}A_i$ 的近似计算截面，由公式（4-2）可得：

$$P_u = f_u A \sin\alpha = f_u \pi (b_1^2 \sin^2\alpha + db_1) \sin^2\alpha \tag{4-3}$$

该式即为计算支盘极限承载力的理论公式，由于支盘破坏模型及受力分析的近似性，可在公式（4-3）的基础上加一修正系数 β 来考虑该因素对支盘承载力的影响，并结合现行《混凝土结构设计规范》的设计方法，给出支盘承载力设计值的计算公式：

$$P_c = \eta_c \beta f_c A \sin\alpha = \eta_c \beta f_c \pi (b_1^2 \sin^2\alpha + db_1) \sin^2\alpha \tag{4-4}$$

式中：P_c——支盘承载力设计值；

$\qquad f_c$——混凝土的轴心抗压强度设计值；

$\qquad \eta_c$——实际工程中考虑施工因素引起的支盘强度折减系数，可取 0.8～1.0；

$\qquad \beta$——修正系数，由第 1 组支盘试件的承载力实测数据统计分析而得（见表 4-4），取 β=0.6；

式中其余字母含义见图 4-20，其中 $\tan\alpha = \dfrac{h}{2b_1}$。

由表 4-3 数据经统计分析可知，β 值的平均值为 0.605，标准差为 0.012，变异系数为 0.0198，可见由试验数据得出的 β 值离散程度很小，可取其平均值 0.6 作为公式（4-4）中的修正系数 β。

分析公式（4-4），可发现该式已直接或间接地反映了 f_c、h/b_1、D/d 这 3 个主要因素对支盘承载力的量化影响，且支盘承载力随这些因素的变化规律与前述试验结果是相吻合的。

修正系数 β 的实测数据　　　　　　　　　　表 4-4

试件编号	$f_{cu,m}$ (MPa)	f_c (MPa)	b_1 (mm)	h/b_1	$\sin\alpha$	A (mm²)	$f_c\sin\alpha A$ (kN)	实测值 P_c^0 (kN)	$\beta_i = P_c^0/f_c\sin\alpha A$
A-1			75	2	0.707	31232	236.3	146	0.618
B-1			75	2.5	0.781	36021	301.0	177.5	0.590
C-1	30.5	10.7	113	2	0.707	51824	392.0	235	0.599
D-1			113	2.5	0.781	60698	507.2	309	0.609
E-1			150	2	0.707	74955	567.0	350	0.617
F-1			150	2.5	0.781	88879	742.7	441	0.594

注：$P_c^0 = P_u/2$，P_u 为支盘模型试件的实测极限承载力。

3. 支盘承载力计算公式的验证及应用

（1）利用公式（4-4）可对第 2 组支盘模型试件的承载力进行计算，计算值与实测值的对比情况见表 4-5。

第 2 组支盘承载力计算值与实测值对比表　　　　　　表 4-5

试件编号	$f_{cu,m}$ (MPa)	f_c (MPa)	b_1 (mm)	h/b_1	$\sin\alpha$	A (mm²)	计算值 P_c (kN)	实测值 P_c^0 (kN)	P_c^0/P_c
A-2			75	2	0.707	31232	119.2	125	1.04865
B-2			75	2.5	0.781	36021	151.9	155	1.02040
C-2	25.5	9.0	113	2	0.707	51824	197.9	205	1.03587
D-2			113	2.5	0.781	60698	256.0	265	1.03515
E-2			150	2	0.707	74955	286.1	301	1.05208
F-2			150	2.5	0.781	88879	374.8	376	1.00320

注：$P_c^0 = P_u/2$，P_u 为支盘模型试件的实测极限承载力；计算公式（4-4）中 η_c 取值为 1.0。

由表中数据经统计分析得出，P_c^0/P_c 的平均值为 1.03，标准差为 0.018，变异系数为 0.018，可见计算值与实测值吻合很好，表明该支盘承载力计算公式准确可靠，可应用于实际工程中作为支盘承载力的计算和验算公式。

（2）利用公式（4-4）可分别对第 2 章和第 3 章工程实例中的抗压及抗拔支盘桩进行支盘承载力的验算，如表 4-6 所示。

工程应用中支盘承载力的验算　　　　　　　　表 4-6

工程名称	混凝土强度等级	f_c (MPa)	d (mm)	b_1 (mm)	h (m)	$\sin\alpha$	计算值 P_c (kN)	按土层情况计算的支盘承载力 P_c^0 (kN)
凯旋大地	C40	19.1	700	550	1.65	0.8321	11855	2636/2＝1318
通信综合楼	C35	16.7	700	350	1.30	0.8805	6638	954/2＝477

注：计算公式（4-4）中 η_c 取值为 0.8。

由该表可知，两项工程中支盘的 P_c 值均远大于按土层情况计算的支盘承载力 P_c^0。而挤扩支盘桩的抗压、抗拔试验结果表明，当支盘桩达到或接近极限状态时支盘阻力的实测值基本上与 P_c^0 相吻合，且均没有发生桩体部分的强度破坏。这充分说明支盘的尺寸设计过于保守，支盘在材料强度方面所具有的承载力远不能充分发挥。实质上，根据后面 4.3.2 一节中分析结果，该两个工程中支盘的高宽比 h/b_1 均大于 2.8，支盘很难发生强度破坏，在实际工程中应避免这种情况的发生。

4.3.2 高宽比的变化对支盘受力及破坏特性的影响

由于试验条件有限，本文仅对高宽比的常规设计尺寸（$h/b_1=2.0$、2.5）做了试验研究。为了拓展试验范围、完善支盘的设计理论，本节应用有限元分析程序 ANSYS5.7 对不同高宽比的支盘进行受力分析，以期对支盘的受力及破坏特性做出定性分析。

4.3.2.1 计算模型和基本参数

计算中以模拟模型试件 A-1 的试验条件（平面尺寸、边界条件和荷载条件）为基础建立有限元分析模型，并通过改变支盘的高度实现不同高宽比的设置。支盘和砂土的本构模型均采用线弹性，支盘混凝土的弹性模量及泊松比[3]按 C25 选取，即 $E_c=2.8310^4$ MPa，$\mu=0.2$；对砂土的弹性模量及泊松比的选取[7]，考虑其在试验条件下比较密实，取为 $E_0=200$ MPa，$\mu=0.35$。在荷载试验中，支盘承受竖向轴心荷载，其几何形状、约束条件等均对称于支盘的轴线，故可按轴对称问题求解[8]，有限元计算模型的选取如图 4-21。

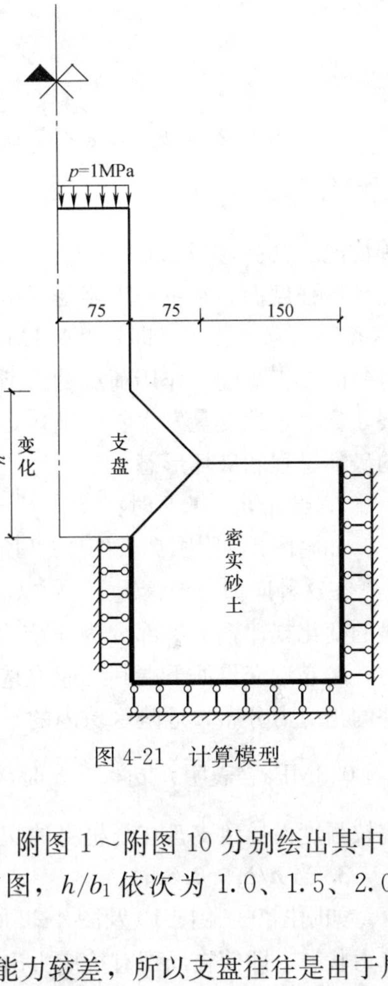

4.3.2.2 计算分析结果

为了探讨高宽比的变化对支盘受力及破坏特性的影响，在有限元分析中依次对 $h/b_1=1.0\sim3.0$ 的多种取值情况进行了受力分析，施加的轴向荷载均为 17.67kN（即直桩部分横截面的平均压应力 1MPa），附图 1～附图 10 分别绘出其中 5 种界限高宽比所对应的支盘径向、环向正应力分布图，h/b_1 依次为 1.0、1.5、2.0、2.5、3.0。

支盘的组成材料为素混凝土，由于混凝土的抗拉能力较差，所以支盘往往是由于局部区域的拉应力达到混凝土的抗拉强度而首先发生开裂进而导致其最终发生强度破坏。因此，分析支盘的拉应力发生区域及其应力特征可帮助我们定性了解支盘的破坏特性。根据有限元分析结果并结合附图 1～附图 10 可知，在轴向荷载作用下支盘中的径向、环向拉应力均出现在支盘的下表面及附近区域，不妨将这一区域定义为支盘的危险区域。对于不同的高宽比（h/b_1）这一危险区域呈现出不同的应力特征，图 4-22 绘出危险区域内径向平均应力 σ_r 和环向平均应力 σ_θ 随 h/b_1 的变化规律。下面从三方面来加以探讨：

图 4-21 计算模型

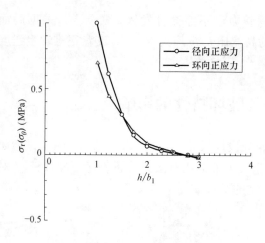

图 4-22 h/b_1-σ_r、σ_θ 关系曲线

1. 当 $1.5 \leqslant h/b_1 \leqslant 2.8$ 时：

当 $1.5 \leqslant h/b_1 \leqslant 2.8$ 时，从图 4-22 和附图 3~附图 8 中均可以看出支盘的危险区域在径向、环向均表现为拉应力，应力变化范围为 0~0.3MPa，且环向拉应力起控制作用，即 $\sigma_\theta > \sigma_r$，例如，当 $h/b_1 = 2.5$ 时，该区域的环向平均拉应力 σ_θ 为 0.03MPa，径向平均拉应力 σ_r 为 0.02MPa；当 $h/b_1 = 2.0$ 时，$\sigma_\theta = 0.09$MPa，$\sigma_r = 0.065$MPa；直至当 $h/b_1 = 1.5$ 时，$\sigma_r \approx \sigma_\theta = 0.3$MPa。当然，以上应力数据都是以桩身的平均压应力 $\sigma_{桩} = 1$MPa 为前提的。有关试验证明混凝土的抗拉强度一般为其抗压强度的 10%，所以在这种应力分布情况下，支盘的破坏可分为两种情况：其一，当 $2.0 \leqslant h/b_1 \leqslant 2.8$ 即 $\sigma_\theta < 0.1$MPa 时，直桩部分会先于支盘达到混凝土的抗压强度而导致桩身发生受压破坏，这一点已被本章中支盘的荷载试验所证实；其二，当 $1.5 \leqslant h/b_1 \leqslant 2.0$（即 $\sigma_\theta > 0.1$MPa）或者当桩身强度足够大（即支盘部分的强度低于桩身）时，支盘随着作用荷载的逐渐增大首先会沿下表面的径向开裂，之后裂缝逐渐向上发展，最后导致支盘发生斜压破坏，这一点可更好地解释本章中关于支盘再加荷试验中支盘的破坏过程和破坏形态。

2. 当 $h/b_1 < 1.5$ 时：

如附图 1、附图 2 及图 4-22 所示，当 $h/b_1 < 1.5$ 时，径向拉应力起控制作用，即 $\sigma_r > \sigma_\theta$。在这种应力分布情况下，支盘与主桩的交界面（圆柱侧面）上的径向正应力呈现出明显的变化规律，上半部分为压应力，越靠近交界面上端其压应力越大；下半部分为拉应力，越靠近交界面下端其拉应力越大，可见交界面上的径向正应力分布规律类似于受弯杆件的正应力分布，危险区域内的平均拉应力 σ_r 势必控制支盘的破坏特征。由图 4-21 可知，$\sigma_r > 0.3$MPa。表明 $h/b_1 < 1.5$ 时，支盘 $\left| \dfrac{\sigma_r}{\sigma_{桩}} \right| > 0.1$，所以支盘会先于桩身达到混凝土的抗拉强度而导致支盘在与桩身的交界面处发生弯曲破坏，而不会发生桩身受压破坏。

3. 当 $h/b_1 > 2.8$ 时：

如附图 9、附图 10 及图 4-22 所示，当 $h/b_1 > 2.8$ 时，支盘在径向、环向基本上呈压应力状态，即使在局部有拉应力出现，其数值也很小。这表明 $h/b_1 > 2.8$ 的支盘是不会在桩身之前首先发生开裂及破坏的，表明支盘的安全储备过大，工程应用中势必造成材料的极大浪费。

4.3.2.3 高宽比的建议取值

综上所述，由于混凝土材料的抗拉和抗弯能力极差，支盘的尺寸设计首先应该避免支盘发生弯曲破坏，即确保 $h/b_1 \geqslant 1.5$；但是，如果高宽比过大又会在经济上造成浪费，因此支盘的高宽比也应该尽量做到 $h/b_1 \leqslant 2.8$。

为保证支盘的受力合理、经济可靠，高宽比的建议取值范围为 $1.5 \leqslant h/b_1 \leqslant 2.8$。因为当 $1.5 \leqslant h/b_1 \leqslant 2.8$ 时，可确保支盘不在桩身之前发生破坏或者发生由支盘底部径向首先开裂所引起的斜压破坏，工程应用中可按本文提出的支盘承载力计算公式（4-4）进行验算。

4.3.3 支盘的应力分布规律

4.3.3.1 应力测试结果

为了了解支盘在荷载作用下的应力分布及变化情况，本次试验在对第 2 组支盘模型试件做荷载试验的过程中，还做了支盘上下面的应力测试。由于试件 A-2 和 F-2 所贴的应变片在试验过程损坏较严重，没有取得数据结果。下面给出试件 B-2、C-2、D-2、E-2 的应力测试结果：

- 支盘试件 B-2 的应力-荷载曲线如图 4-23 所示。

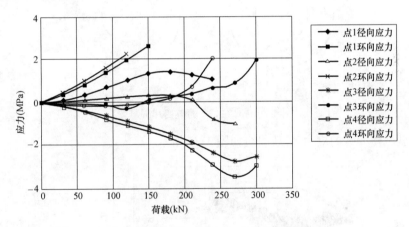

图 4-23　试件 B-2 的应力-荷载关系曲线

支盘试件 B-2 应变片的编号如图 4-24 所示。

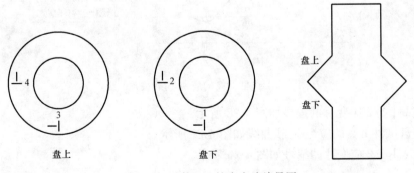

图 4-24　试件 B-2 的应变片编号图

- 支盘试件 C-2 的应力-荷载曲线如图 4-25（1、2 点应变片损坏）所示。
支盘试件 C-2 应变片的编号如图 4-26 所示。

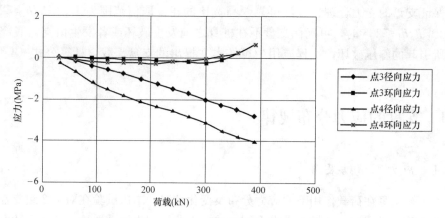

图 4-25　试件 C-2 的应力-荷载关系曲线

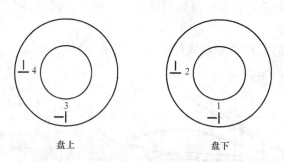

图 4-26　试件 C-2 的应变片编号图

- 支盘试件 D-2 的应力-荷载曲线如图 4-27 所示。

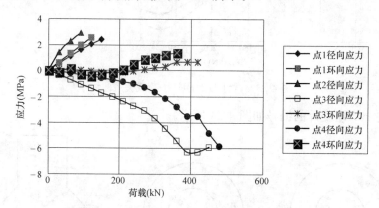

图 4-27　试件 D-2 的应力-荷载关系曲线

支盘试件 D-2 应变片的编号如图 4-28 所示。

- 支盘试件 E-2 的应力-荷载曲线如图 4-29 所示。

支盘试件 E-2 应变片的编号如图 4-30 所示。

4.3.3.2　支盘应力分布规律

图 4-23、图 4-25、图 4-27、图 4-29 分别绘出了 4 个支盘试件的应力-荷载关系曲线，从图中可以看出在荷载作用下支盘上、下表面应力的分布规律及支盘内部的一些受力、变

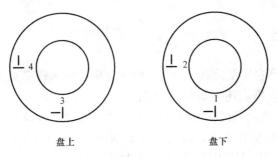

图 4-28　试件 D-2 的应变片编号图

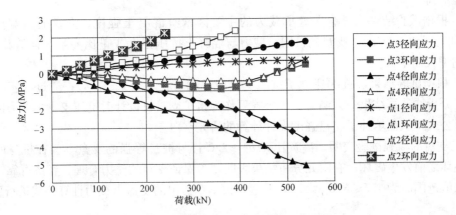

图 4-29　试件 E-2 的应力-荷载关系曲线

形特点：

（1）由于边界条件的差别，支盘上下表面的应力性质截然不同，支盘下表面主要承受拉应力，上表面主要承受压应力。

（2）支盘下表面与密实砂层紧密接触，当荷载逐渐增大时应变片损坏较多，所以只能看出荷载初期支盘下表面的应力特点，沿环向和径向均表现为拉力性质，随着荷载的增大而呈增长趋势，且环向拉应力略大于径

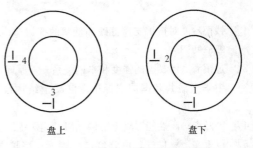

图 4-30　试件 E-2 的应变片编号图

向拉应力，这一点与 4.3.2 一节中有限元分析结果是一致的。可以想象当下盘面环向拉应力达到混凝土的极限拉应力时便引起支盘下部沿径向首先开裂，并逐渐向支盘内部及上表面延伸，最后导致支盘的主裂缝形成及破坏。

（3）在荷载作用下，在支盘上表面沿径向和环向其应力分布有显著差别，沿径向混凝土由于收缩表现为压应力，且随荷载的增大而显著增大，在接近支盘的极限荷载时达到最大值，之后随着支盘混凝土的开裂而急剧下降，这一点从支盘 B-2 和 D-2 的应力-荷载曲线可明显看出；沿环向加荷初期表现为压应力（数值较小），随着荷载增大支盘下部的裂缝延伸至上表面时，该环向应力便表现为拉应力性质，但随着裂缝的逐渐增大，应变测试数据紊乱而被迫终止。此后，裂缝不断发展，直至上下贯通成为一些显著的主裂缝，最后导致破坏，这一结论可从图 4-15 的裂缝照片中得到证实。

4.4　本章小结

本章通过支盘的室内模型荷载试验及有限元分析，深入研究支盘本身的力学性能，建立支盘的强度理论[9]，可表述为如下几点结论：

1. 用 YAW-5000 型微机控制电液伺服压力试验机对支盘模型试件进行了荷载试验，测定了支盘的荷载-位移全程曲线，揭示了在 $2 \leqslant h/b_1 \leqslant 2.5$ 且假设桩身强度足够大的试验条件下支盘的破坏形态为斜压破坏，为进一步研究支盘的力学特性和材料的本构模型奠定了试验基础。

2. 根据试验结果，影响支盘承载力的主要因素有混凝土强度、支盘的高宽比（h/b_1）、和盘径比（D/d），支盘的极限承载力与混凝土抗压强度成正比关系，且随着 h/b_1、D/d 的增大而增大。

3. 根据试验结果，首次建立了抗压支盘的承载力计算公式（4-4），通过与实测数据的对比分析，计算结果令人满意。该公式可作为挤扩支盘桩设计时抗压支盘承载力的计算和验算公式，从而填补了支盘强度设计计算的研究空白。

4. 支盘的荷载试验表明，高宽比 $h/b_1 \geqslant 2.0$ 且与桩身等强的支盘不会在桩身的轴心受压破坏之前发生破坏；有限元分析结果表明，为保证支盘的受力合理、经济可靠，高宽比的取值范围应为 $1.5 \leqslant h/b_1 \leqslant 2.8$，并建议按本章提出的支盘承载力计算公式进行验算。

参考文献

[1] 钱德玲. 对挤扩支盘桩破坏性状的探讨 [J]. 合肥工业大学学报（自然科学版），2001，10（5）：955~958.

[2] 过镇海. 混凝土的强度和本构关系——原理与应用 [M]. 北京：中国建筑工业出版社，2004.

[3] 中华人民共和国国家标准. 混凝土结构设计规范 GB 50010—2010. 北京：中国建筑工业出版社，2010.

[4] 冯乃谦. 高性能混凝土结构 [M]. 第一版，北京：机械工业出版社，2004.

[5] 巨玉文，梁仁旺，白晓红，张善元. 挤扩支盘桩中支盘破坏形态的试验研究 [J]. 工程力学，2013，30（05）：188~194.

[6] 孙成访，王敏根等. 钢纤维混凝土二桩厚承台冲切、剪切承载力试验研究 [J]. 建筑结构学报，2004，25（1）：107~113.

[7] 杨敏，赵锡宏. 分层土中的单桩分析法 [J]. 同济大学学报，1992，20（4）：421~427.

[8] 宋勇等. ANSYS7.0 有限元分析 [M]. 北京：清华大学出版社，2003.

[9] 巨玉文. 挤扩支盘桩力学特性的试验研究及理论分析 [D]. 太原：太原理工大学，2005.

第 5 章　挤扩支盘桩的有限元分析

有限元法[1][2]从 20 世纪 60 年代后期，开始应用于桩基础分析，可用它来揭示桩的受力特性，并与实测结果相验证，以指导桩的设计和施工。本章首先采用二维轴对称有限元法，以第二章中"铁匠巷"工程中的 3 号支盘桩为例进行计算，分析单桩在工作荷载作用下的荷载传递机理；其次用有限元法分析群桩共同作用的主要机理，以求探索挤扩支盘桩高承载力和低沉降量的实质与内涵，从而指导工程实际。

5.1　单桩有限元分析

5.1.1　计算理论与基础

1. 轴对称有限元的基本原理

本例中的 3 号支盘桩，具有两个支盘，不设分支，承受竖向荷载，其几何形状、约束条件和作用的荷载都对称于桩的轴线，在荷载作用下产生的位移、应变和应力也对称于桩的轴线，因而此问题属于轴对称问题[3]，可采用轴对称有限元求解。

在轴对称问题中，通常采用圆柱坐标 (r, θ, z)。以对称轴作为 z 轴，所有应力、应变和位移都与 θ 方向（切向）无关，只是 r 和 z 的函数，任一点的位移只有两个方向的分量，即沿 r 方向的径向位移 u 和沿 z 方向的轴向位移 w。由于轴对称，θ 方向的位移 v 等于零。因此轴对称问题是二维问题。

离散轴对称体时，采用的是一些圆环。这些圆环单元与 rz 平面正交的截面可以有不同的形状，例如 3 结点三角形、6 结点三角形或其他形式。单元的结点是圆周状的铰链，各单元在 rz 平面内形成网格。

对轴对称问题计算时，只需取出一个截面进行网格划分和分析，但应注意到单元是圆环状的，所有的结点荷载都应理解为作用在单元结点所在的圆周上。

本章采用美国 ANSYS 公司的 ANSYS 分析软件进行计算。ANSYS 软件对于轴对称问题，有如下特别规定：

（1）对称轴必须和整体笛卡儿坐标的 y 轴重合；

（2）不允许结点的 x 坐标为负值；

（3）整体笛卡儿坐标的 y 轴代表轴向，整体笛卡儿坐标的 x 轴代表径向，整体笛卡儿坐标的 z 轴代表切向。因此，轴对称有限元模型位于 xy 平面内。

2. 本构模型

（1）土体

土体的本构关系，不是凭空设想的，而是在整理分析试验结果的基础上提出来的，本构模型是用数学手段来体现试验中所发现的土体变形特性。Butterfield 和 Ghosh 通过对模型桩的精密测定，指出在荷载约为 1/2 极限荷载（即工作荷载）之前，桩的工作性状是完全线性的[4]。在实际工程中，工程桩所承受的竖向荷载一般在工作荷载范围之内，本章即对工作荷载作用下挤扩支盘桩的轴向荷载传递机理进行分析，因而对土采用线弹性本构模型。

土的线弹性本构模型的两个必需参数为弹性模量 E_0 和泊松比 μ。杨敏和赵锡宏[5]根据 60 余根桩在工作荷载作用下的试验结果，反算了土的弹性模量 E_0 和压缩模量 Es_{1-2} 的比例关系，结论是 $E_0=(2.5\sim3.5)Es_{1-2}$，本文取 $E_0=3.0 Es_{1-2}$。对于土的泊松比 μ，俞炯奇[6]在采用线弹性土体本构模型分析非挤土桩承载性状时，提出计算中所取用的 μ 一般可在 $0.3\sim0.4$ 范围内取任一值而对结果产生极微小影响。本文取 $\mu=0.35$。

（2）混凝土

对桩身混凝土材料，采用线弹性本构模型，按 C40 混凝土，弹性模量 E 取 3.25×10^4 MPa，泊松比取 $\mu=0.1667$。

3. 边界条件

计算边界的大小对计算精度有重要影响[7]。根据弹性理论法，单桩的水平影响可达 $60d$（d 为桩径）。而实际上，上海地区非挤土桩的水平影响范围不超过 $6d$[8]。本例中的土质不同于上海软土，水平边界大小可在 $(6\sim60)$ d 之间取值。为了使计算结果与实际情况尽可能接近，在保证有限元计算本身的精度要求前提下，水平边界取距桩的轴线 1 倍桩长（即 $40d$ 或 $15.5D$，D 为支盘直径），约束其水平位移。计算的竖向边界，按照同一原则反复调算，取为桩底以下 0.5 倍桩长，约束其竖向位移。

4. 其他计算假定

（1）土层按照第二章表 2-1（西区场地土层分布情况表）所示分层。同一土层内的土表现为均质、各向同性；

（2）桩与土之间的滑移量相对于桩土单元尺寸（$0.35\sim1.5$m）很小，计算时忽略不计；

（3）土体自重应力产生的变形已在桩施工之前完成，故计算中不计入自重应力；

（4）不考虑施工因素对桩周土体的影响，桩的存在不影响地基土的特性。

依据上面所述的本构模型、边界条件和计算假定，建立单桩有限元计算模型如图 5-1，支盘采用 6 结点三角形单元、对桩的等截面直桩段及土体采用 4 结点四边形单元进行结构离散，划分网格后的单元示意图如图 5-2。桩体单元有 125 个，边长为 0.35m；土体单元有 775 个，边长介于 0.35m 和 1.5m 之间。其他计算参数为：桩顶竖向荷载 4500kN，桩长 28m，桩径 700mm，两个支盘，盘径为 1.8m，盘高 1.65m，分别位于桩顶以下 16.5m 和 22.5m（以支盘最大直径位置计）。土层划分及其计算参数见图 5-1。

5.1.2 计算结果及分析

经有限元计算得到的沉降等值线图、桩身轴力图、桩侧摩阻力图、支盘内的等效应力图、桩体附近土体内的等效应力图及竖向应力图如图 5-3～图 5-13 所示。

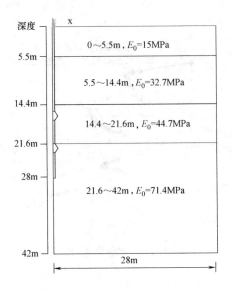

图 5-1　有限元模型图

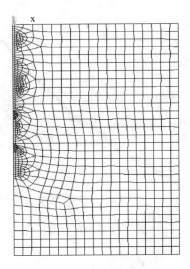

图 5-2　有限元单元示意图

单位：m

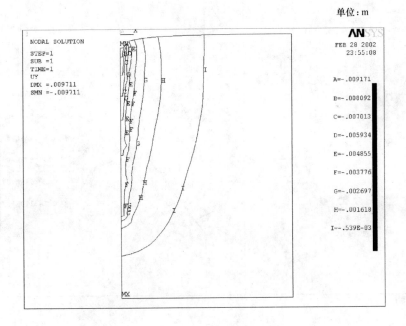

图 5-3　沉降等值线图

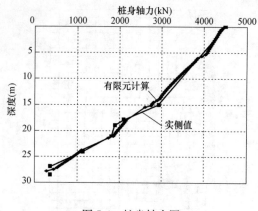

图 5-4　桩身轴力图

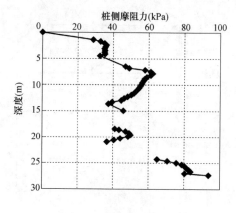

图 5-5　桩侧摩阻力图

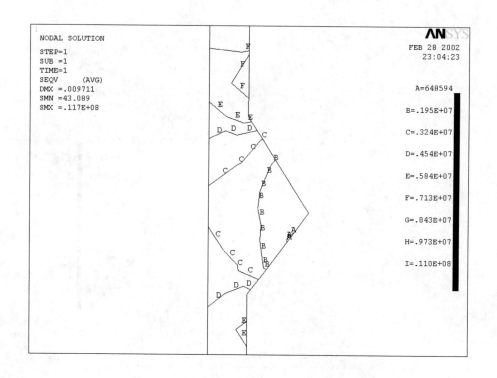

图 5-6　上支盘内的等效应力等值线图

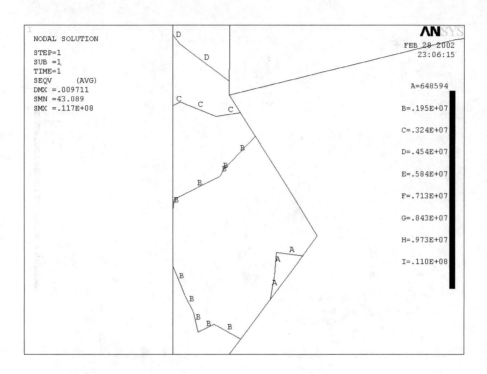

图 5-7　下支盘内的等效应力等值线图

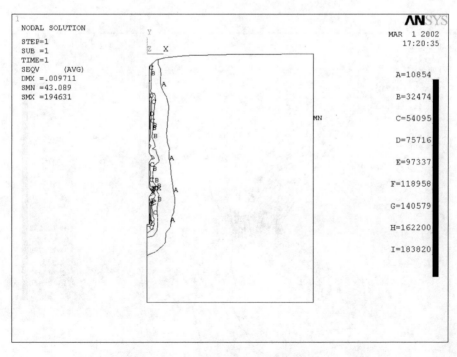

图 5-8　土体内的等效应力等值线图

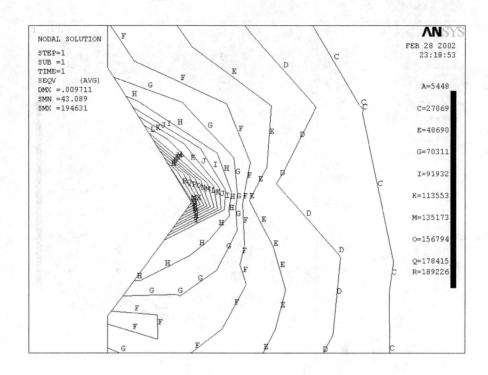

图 5-9　上支盘附近土体内的等效应力等值线图

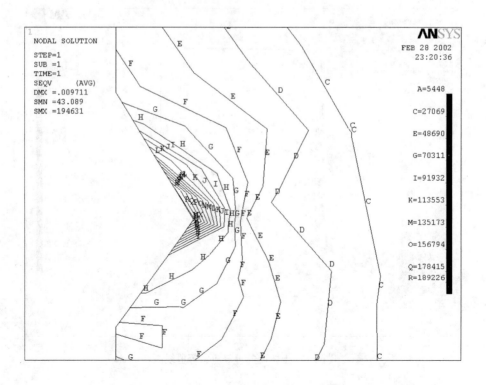

图 5-10　下支盘附近土体内的等效应力等值线图

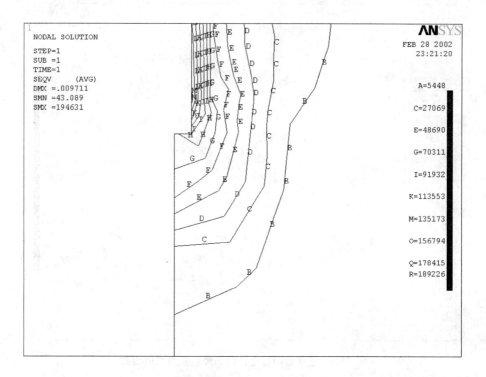

图 5-11 桩端附近土体内的等效应力等值线图

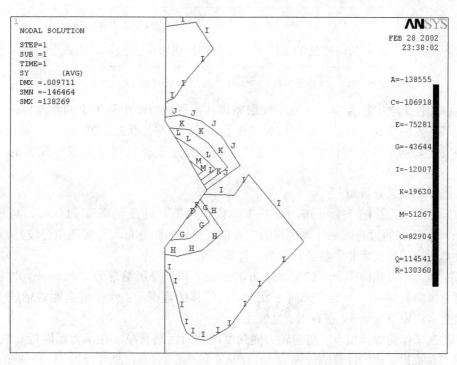

图 5-12 上支盘附近土体内的竖向应力等值线图

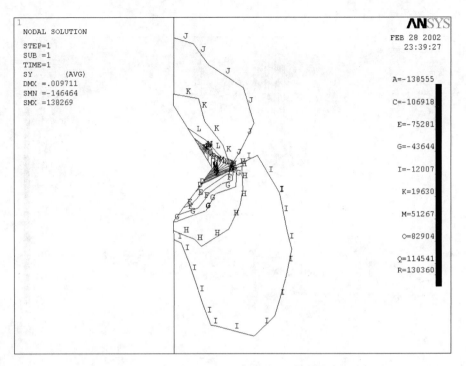

图 5-13　下支盘附近土体内的竖向应力等值线图

图中的等效应力在 Ansys 程序中又称为 Von Mises 应力，按下式计算：

$$\sigma_e = \sqrt{\frac{1}{2}\left[(\sigma_1-\sigma_2)^2+(\sigma_2-\sigma_3)^2+(\sigma_3-\sigma_2)^2\right]} \tag{5-1}$$

式中，σ_1、σ_2、σ_3 为该点处的主应力。设材料的屈服应力为 σ_s，则式子：

$$\sigma_e = \sqrt{\frac{1}{2}\left[(\sigma_1-\sigma_2)^2+(\sigma_2-\sigma_3)^2+(\sigma_3-\sigma_1)^2\right]} = \sigma_s \tag{5-2}$$

在弹塑性力学中称为 Von Mises 屈服条件，在材料力学中称为第四强度理论，即当材料中某一点的等效应力 $\sigma_e < \sigma_s$ 时认为该点处材料处于弹性状态；若 $\sigma_e \geqslant \sigma_s$，则认为该点处材料发生屈服，进入塑性状态。因此，等效应力是表征材料是否发生屈服的一个物理量。

根据计算结果分析如下：

（1）由图 5-3 及图 5-4 可知，在工作荷载作用下，桩顶沉降 9.711mm，与实测值 9.169mm 接近；通过有限元计算得到的支盘桩桩身轴力图分布，与实测拟合较好。因此，本章计算所选用的模型和参数是合理的，计算结果是可靠的。

（2）在工作荷载作用下，桩端沉降 3.903mm，则桩身压缩量为 5.808mm，桩身压缩量占到总沉降量的 60%。地表桩周土发生竖向位移的范围为：水平方向距桩轴线 18d 左右，竖直方向距桩端下 6d 左右（d 为桩径）。

（3）在工作荷载作用下，桩身轴力随深度增加而逐渐衰减，在承力盘附近衰减加快。上下两支盘承担荷载的计算值分别为 461.70kN 和 632.17kN，总计分担 24.3% 桩顶荷载；端承力计算值为 283.68kN，占桩顶荷载的 6.3%，其余由桩侧摩阻分担。则本例中的荷载分担情况为：桩侧摩阻力分担大部分荷载，支盘次之，桩端最小。

（4）本章进行计算时，假定桩土之间无相对滑移，桩土之间没有设置接触单元，根据文献［6］，桩侧摩阻力取桩侧土体单元的竖向剪应力。由图 5-5 可知，不同土层内的桩侧摩阻力是不相等的：0～5.5m 内的桩侧摩阻力基本处于 20～30kPa 之间，在临近桩顶处较小；5.5～14.4m 内的桩侧摩阻力处于 40～60kPa 之间；下承力盘至桩端部分的桩侧摩阻力较大，并在临近桩端处出现应力集中的现象。桩侧摩阻力的大小及分布与实测结果基本吻合。

值得注意的是两支盘间的桩侧摩阻力：在靠近上支盘底部和下支盘顶部附近，数值偏小；并且随着与支盘距离的增大而增大，在与两支盘距离相等处达到最大值。这也验证了本书第 2 章中“支盘间桩侧摩阻力受多种因素影响而减小”的结论。

（5）由图 5-6、图 5-7 可知，上下两支盘中的等效应力等值线形状相近，但上支盘中应力梯度更大，下支盘中应力变化则相对较小。

（6）由图 5-8、图 5-9 和图 5-10 可知，土体中等效应力沿桩的径向衰减很快[9]，对于上支盘以上及两盘之间等截面直桩段附近的土体，距桩的轴线约 $1.5d$ 处，土中等效应力已经衰减 85% 左右；而两支盘附近的土体，以及下支盘和桩端之间等截面直桩段附近的土体，受支盘的影响，距桩的轴线约 $3d$ 或 $1.25D$（D 为盘径）处，土中等效应力衰减到15% 左右。沿桩的全长，距桩轴线 $2.5D$ 之外土体内等效应力衰减到 5% 以下，说明本例中支盘桩对桩周土中应力产生影响的水平范围在 $2.5D$ 左右。

（7）由图 5-11 可知，桩端以下土中应力受桩端影响的深度约在 $4.5d$ 左右。结合上面得出的结论（2）、（5）可知，如将本例计算的水平边界取在距桩轴线 $18d$ 处，竖向边界取在桩端以下 $6d$ 处，对计算精度将只会产生较小影响。经实际计算，这样选取计算边界得到的桩顶沉降为 9.435mm，与本例 9.711mm 相近。本结论可以作为分析类似问题时，选取计算边界的依据。

（8）由图 5-12 及图 5-13 可知，支盘对紧靠其上部的土体中竖向应力的影响范围在 $(0.5～1.0)D$ 之间，对紧靠其下部的土体中竖向应力的影响范围在 $(1.0～1.25)D$ 之间。因此，若两支盘的竖向间距小于 $(1.5～2.25)D$ 时，将在两盘中间的土体中产生应力重叠，影响承力盘承载力的发挥。设计支盘桩时应使支盘的竖向间距大于 $(1.5～2.25)D$。

5.2　群桩三维有限元分析

实际工程中使用的桩基多数是由多根桩组成的群桩，荷载通过承台传递给各桩桩顶。对于一般建筑工程中使用的低承台群桩基础，承台、桩、土将相互影响、共同作用，使得群桩的承载机理和破坏模式不同于单桩。因此，有必要对群桩的工作性状进行研究。

用有限元法分析群桩共同作用的主要机理，并以它作为原则指导工程实际，以及探索和校核工程的实用简化计算方法，有着重要的实际意义。

鉴于群桩的三维有限元分析难度较大，分析时必须作必要的简化假设，着眼于影响群桩工作性状的主要因素。桩的水平间距即是主要影响因素之一，设计人员也很关心如何合理选择挤扩支盘桩的水平间距，因此本章主要对工作荷载作用下不同桩距挤扩支盘桩群桩的变形和承载性状进行研究。

5.2.1　计算方案

对于竖向工作荷载作用下的 3×3 群桩，在改变桩间距的情况下，进行对比分析计算，所选取的桩距有：$s_a=1.5D$，$2D$，$3D$，$6D$（D 为支盘直径）。

1. 模型尺寸

3×3 群桩的桩位布置如图 5-14 所示，图中，d 为桩径，s_a 为桩间距。由于对称性，选取 1/4 模型进行计算（图中阴影部分）。本章中称 A 桩为中心桩，B 桩为边桩，C 桩为角桩。

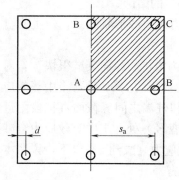

图 5-14　桩位布置图

挤扩支盘桩的几何参数与第二章中铁匠巷工程的 3 号支盘桩相同，即桩径 700mm，桩长 28m，设两个直径 1.8m，高 1.65m 的承力盘，上盘位于桩顶以下 16.5m，下盘位于桩顶以下 22.5m（以支盘最大直径处计）。

对 1/4 模型，承台的长×宽×高尺寸为：（s_a＋d）×（s_a＋d）×2，单位：m。在实际工程中采用的承台厚度为 1.5m，此处取 2m，是为了考虑上部结构刚度对群桩工作性能的影响。

对土体，采用分层土，土层划分及厚度与本章 5.1 节单桩有限元分析时情况相同，参见图 3-1。土体的长×宽×高总体尺寸为：（s_a＋L）×（s_a＋L）×1.5L，L 为桩长，单位：m。

2. 本构模型

严格说来，地基土是存在非线性的。但在工作荷载下，地基土基本上处于弹性范围内，土体的非线性性质表现不明显，土体内的塑性变形也很小。因此，忽略塑性变形所导致的误差也很小。为了简化计算，对桩、土、承台均采用线弹性模型[10]。土体的泊松比取 0.35，模量取值参见表 5-1。对桩和承台，按 C40 混凝土材料，弹性模量 E 取 3.25×10^4MPa，泊松比取 $\mu=0.1667$。

3. 边界条件

按照不对沉降和应力分布产生较大影响的前提下，尽可能减小模型尺寸的原则，选择计算的位移边界。经试算，计算的侧向边界取距边桩轴线 1 倍桩长，约束其侧向位移。计算的竖向边界，取为桩底以下 0.5 倍桩长，约束其竖向位移。在选取的 1/4 群桩基础模型的两个对称面上，约束垂直于该对称面的侧向位移。

取每桩承受 4500kN 荷载，以均布荷载的形式加到承台顶面，则承台顶面所受压力为：2.25×4500kN/承台面积，承台面积以 1/4 群桩基础模型计算。

4. 其他计算假定

（1）承台为低承台，其底面与土体紧密接触，外侧面为自由面；

（2）同一土层内的土为均质、各向同性；

（3）桩、土、承台之间无相对滑移；

（4）桩、土、承台都视为无质量的；

（5）不考虑施工因素对桩周土体的影响，桩的存在不影响地基土的特性。

依据上面所述的模型尺寸、本构模型、边界条件和计算假定，采用三维 10 结点四面体单元对结构进行离散，建立挤扩支盘桩的群桩有限元模型。桩距 $s_a＝3D$ 时的群桩有限元模型如图 5-15 所示。

有限元单元使用 ANSYS 程序的 MeshTool 自动剖分而成。对于桩距 $s_a＝3D$ 时的群桩有限元模型，承台单元有 243 个，边长介于 0.35m 和 0.5m 之间；桩体单元有 7148 个，边长介于 0.15m 和 0.9m 之间；土体单元有 58791 个，边长介于 0.15m 和 34m 之间。靠近桩的单元尺寸小，远离桩的单元尺寸大。

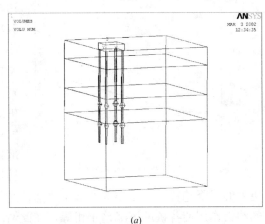

(a)

5.2.2　群桩的承载性状

挤扩支盘桩属摩擦型多支点端承桩，在竖向荷载作用下，挤扩支盘桩群桩的承台底面土、桩间土、桩端以下土都参与工作，形成承台、桩、土相互影响共同作用，群桩的工作性状趋于复杂。桩顶荷载主要通过桩侧摩阻力和承力盘阻力传布到桩周和桩端土层中，产生应力重叠。承台土反力也传布到承台以下一定范围内的土层中，从而使桩侧摩阻力、承力盘阻力和桩端阻力受到干扰。群桩中任一根桩的工作性状明显不同于孤立单桩，群桩承载力将不等于各单桩承载力之和，群桩沉降也不等于单桩。这就是群桩效应。

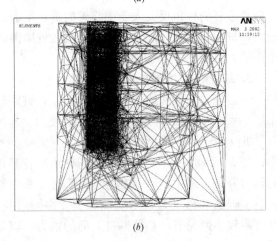

(b)

图 5-15　群桩有限元模型
(a) 结构离散前；(b) 结构离散后

本节对竖向工作荷载作用下，不同桩距挤扩支盘桩群桩的承载性状进行分析。

1. 桩和承台的荷载分担比

桩的荷载分担比，是指各基桩桩顶反力之和与施加在承台顶面的总外荷之比的百分数；承台分担比，是指承台下桩间土反力与总外荷之比的百分数。图 5-16 为桩和承台的荷载分担比随桩距的变化情况。由图可见，在常用桩距范围（$s_a≤3D$）内，桩承担大部分荷载，承台分担的荷载基本上处于 10％ 的范围内。承台荷载分担比随 s_a/D 的增大而增大，在 $s_a≤2D$ 时分担比增长较慢，而当 $s_a＞2D$ 后增长速度加快。

2. 基桩的桩顶反力分布

图 5-17 为基桩桩顶反力分布随桩距的变化情况。P 为各桩桩顶反力，P_{ave} 为外荷按桩数的平均值（本例中为 4500kN）。由图可见，角桩和边桩的桩顶荷载随 s_a/D 增大而减小，

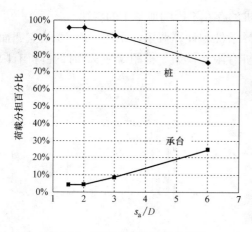

图 5-16　桩和承台的荷载分担比

中心桩则相反；桩距介于 $4D$ 到 $5D$ 之间时，各桩的桩顶反力趋于一致；在桩距较小（$s_a < 4D$）时，桩顶反力分布均表现为角桩最大、边桩次之、中心桩最小的分布特征；桩距超过 $5D$ 后，中心桩受力最大，边桩次之，角桩最小。造成桩顶反力分布特征变化的原因主要是：计算中承台的厚度不随桩距变化，而承台宽度则随桩距增大而增大，从而使承台刚度随桩距增大而减小。在桩距较小时，承台刚度较大；群桩中各桩引起的土中应力的重叠，使内部桩桩尖平面处的土中附加应力大于角桩或边桩桩尖平面处的土中附加应力，因此内部桩具有更大的沉降趋势（详见第 5.2.3 节"基桩的桩顶沉降和桩端沉降"中分析），而刚性承台的约束作用使各桩的沉降趋于相等，在此情况下荷载由中心桩向角桩和边桩转移，导致角桩和边桩的桩顶反力大于中心桩的桩顶反力。当桩距较大时，承台刚度较小，弯曲变形较大，桩顶荷载的分配将直接由作用在桩周围的荷载大小所决定，此时角桩由于受荷面积小而受力也最小。

3. 基桩的轴力分布

中心桩、角桩和边桩的轴力分布，在桩距较小（$s_a = 1.5D$，$2D$，$3D$）时和桩距较大（$s_a = 6D$）时，呈现出不同的规律。

图 5-18（a）～（d）分别为不同桩距时各基桩的轴力分布。图中的"单桩"，系指第二章中铁匠巷工程的 3 号支盘桩的实测轴力。由图可见：在桩距较小情况下，基桩桩身上部的轴力，以角桩最大，边桩次之，中心桩最小；随着深度增加，基桩桩身轴力趋于接近；$s_a = 1.5D$ 时，基桩轴力相近的范围集中在桩端附近；$s_a = 2D$ 时，这一范围继续向上扩大；到 $s_a = 3D$ 时，各基桩轴力相近的范围从桩端扩大至下承力盘。就单桩

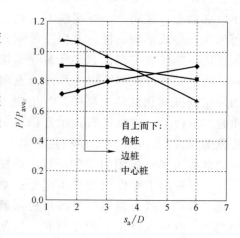

图 5-17　基桩桩顶反力分布

轴力和基桩轴力相比较而言，从桩顶至约 1/2 桩长范围内，单桩轴力介于各基桩轴力之间；而从约 1/2 桩长至桩端范围内，单桩轴力小于群桩中各桩轴力，说明群桩对基桩较低位置处的轴力有加强作用。

在大桩距情况下，基桩轴力以中心桩最大，边桩次之，角桩最小；除桩顶附近外，单桩轴力基本介于各基桩轴力之间。

4. 基桩的荷载分担比例

图 5-19 为各基桩的桩侧摩阻、承力盘阻力和桩端阻力分担比例随桩距的变化情况，分担比例由分担荷载值除以各桩距时对应桩顶荷载求出。由图可见，除中心桩在 $s_a = 1.5D$ 时外，各基桩的荷载分担比例为：桩侧摩阻力最大，介于 40%～55% 之间；承力盘

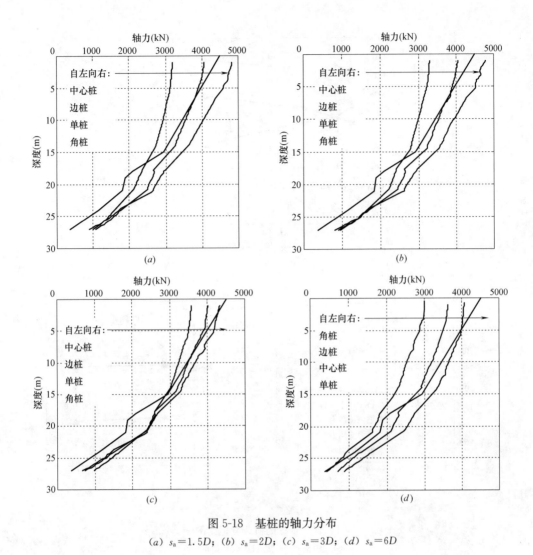

图 5-18 基桩的轴力分布

(a) $s_a=1.5D$；(b) $s_a=2D$；(c) $s_a=3D$；(d) $s_a=6D$

阻力次之，介于 27%～40% 之间；桩端阻力最小，基本介于 15%～30% 之间。

5. 基桩的桩侧摩阻力

本章进行计算时，假定桩土之间无相对滑移，根据文献 [6]，桩侧摩阻力取桩侧土体单元的竖向剪应力。

各基桩桩侧摩阻力值随桩距的变化情况如图 5-20 所示。由图可见，随着桩距增大，角桩和边桩的桩侧摩阻力在 $s_a \leqslant 2D$ 时略有增长，此后不断减小；中心桩的桩侧摩阻力始终呈增长趋势。角桩和边桩的桩侧摩阻力在 $s_a \leqslant 2D$ 时的增长现象可以解释为：桩距很小时，群桩的承载变形性状接近于实体墩基[11]，桩侧土体的竖向剪应变很小，提供给桩侧的竖向剪应力较小；桩距从 1.5D 增至 2D 时，桩侧土体的竖向剪应变有所增大，提供给桩侧的竖向剪应力随之增大；这时，虽然角桩和边桩的桩顶荷载随桩距增大而减小，降低了部分桩侧摩阻力，但桩侧土体竖向剪应力的增大效应更为显著，二者的综合影响使得桩侧摩阻力有所增长。当桩距进一步增大时，桩侧土体竖向剪应力与桩顶荷载相比，对桩侧摩阻力的影响反而居于次要地位，所以 $s_a > 2D$ 后，桩距增大时，角桩和边桩的桩顶荷载

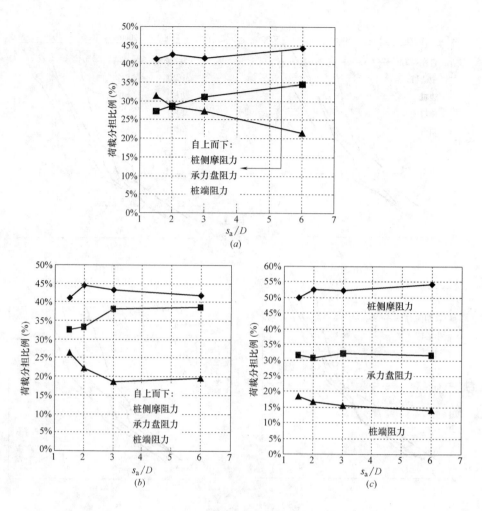

图 5-19　基桩的荷载分担比例

(a) 中桩；(b) 边桩；(c) 角桩

减小，桩侧摩阻力相应减小；而中心桩桩顶荷载增大，使得其桩侧摩阻力也增大。

由图 5-20 也可看出，基桩桩侧摩阻力与桩位的关系是：在桩距小于 4D 范围内，角桩桩侧摩阻力最大，边桩次之，中心桩最小。这是桩距小于 4D 时两种因素共同作用的结果：按角桩、边桩、中心桩的次序排列，桩顶荷载依次减小，桩周土竖向剪应变（剪应力）受邻桩影响增大而依次减小。$s_a=3D$ 时各基桩桩侧摩阻力分布如图 5-21 所示，图中清楚地反映了基桩桩侧摩阻力随桩位的变化情况。

为对比单桩和各基桩的桩侧摩阻力，将本章中有限元计算得到的单桩桩侧摩阻力分布也绘入图 5-21，以"单"标识。可见，就上承力盘以上及两承力盘之间桩段而言，各基桩桩侧摩阻力基本小于单桩桩侧摩阻力，这主要是由承台及邻桩对桩间土竖向剪应变的限制作用造成的。对下承力盘以下桩段，各基桩桩侧摩阻力则大于单桩桩侧摩阻力，其原因是：桩顶平均荷载相同时，群桩中承力盘承担的荷载值一般比单桩中承力盘承担荷载值更大（详见本节后面"基桩的支盘阻力"中分析），支盘底竖向应力传至桩侧，桩侧侧向压

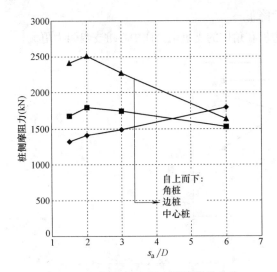

图 5-20　基桩桩侧摩阻力随桩距的变化

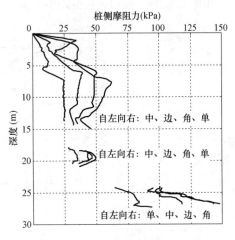

图 5-21　$s_a=3D$ 时各基桩桩侧摩阻力分布

力增大，从而使桩侧摩阻力增大。

基桩桩侧摩阻力在不同土层内的数值是不相等的，沿桩长的分布形状与单桩桩侧摩阻力相似。

6. 基桩的支盘阻力

基桩支盘阻力随桩距的变化情况如图 5-22 所示。可见，随着桩距的增大，中心桩的支盘阻力持续增长；边桩支盘阻力在 $s_a<3D$ 前呈增长趋势，此后呈下降趋势；角桩的支盘阻力持续降低。

根据本章单桩有限元分析结果，桩顶荷载为 4500kN 时，单桩上下两支盘阻力分别为 461.70kN 和 632.17kN。图 5-22 所示的群桩支盘阻力大多高于此值，说明群桩对支盘阻力有增强作用。

对低承台群桩，由于桩相对于土的不可压缩性，桩顶与承台同步下沉时，正摩擦力使桩对土有"下曳作用"[12]。本章计算时假定桩土之间无相对滑移，因此桩承受荷载后，支盘将对紧靠其上部的土体产生拉应力。本章中单桩的有限元分析也证实了这一点（见图 5-12 和图 5-13 所示的支盘附近土体内的竖向应力等值线图）。因此对本章的群桩有限元模型而言，桩对土的"下曳作用"来自于两方面，一是桩对土的正摩擦力，一是支盘对其上部土体的拉力。群桩中各基桩的沉降存在差异，中心桩最大，边桩次之，角桩最小（详见第 5.2.3 节"基桩的桩顶沉降和桩端沉降"中分析）。这样，中心桩对边桩桩周土体、边桩对角桩桩周土体产生"下曳作用"，其结果可使边桩和角桩的支盘阻力降低。由图 5-12 和图 5-13，单桩支盘上部土体产生拉应力的范围沿桩的径向可达到 1D 左右；群桩中各基桩支盘阻力大于单桩支盘阻力，因此群桩中的这一范围更大。桩距 $s_a<3D$ 时，边桩和角桩正处在"下曳作用"的影响范围之内，此时随着桩距增大，"下曳作用"削弱，边桩和角桩的支盘阻力得以恢复；但其桩顶荷载也随桩距增大而减小。边桩受"下曳作用"的影响比角桩更甚，而角桩受桩顶荷载的影响更大，"下曳作用"和桩顶荷载的叠加影响作用到边桩和角桩上，产生不同的结果：边桩支盘阻力有所增长，而角桩支盘阻力则降低。

当桩距大于 3D 之后，"下曳作用"的影响较小，桩顶荷载的变化，使得中心桩的支盘阻力持续增大，边桩和角桩的支盘阻力持续降低。

由图 5-22 也可看出，在桩距小于 $4D$ 时，边桩和角桩的支盘阻力比中心桩支盘阻力更大。

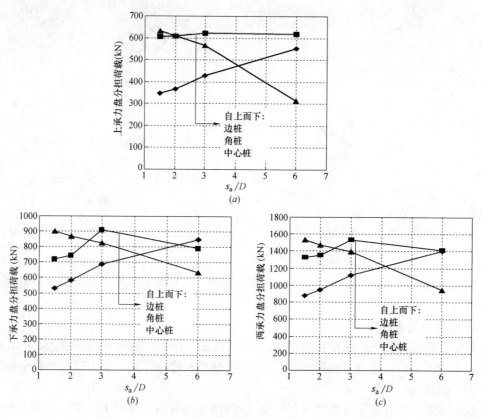

图 5-22 各基桩支盘阻力

（a）上支盘阻力；（b）下支盘阻力；（c）两支盘阻力合计

7. 基桩的桩端阻力

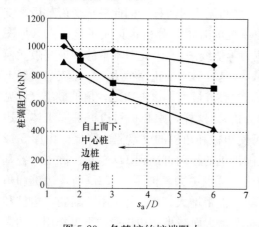

图 5-23 各基桩的桩端阻力

图 5-23 所示为各基桩桩端阻力随着桩距的变化情况。可见，随着桩距增大，各桩的桩端阻力呈下降趋势。除桩距为 $1.5D$ 时外，中心桩的桩端阻力最大，边桩居中，角桩最小。

随着桩距增大，各桩的桩端阻力呈下降趋势，主要是由于邻桩对桩端土侧向挤出的限制作用减小所致[13]。

胡道华[14]对桩距 $3d$、桩长 $18d$ 的 3×3 钻孔灌注群桩进行了数值分析，认为低承台群桩中，角桩的桩端反力最大，边中桩次之，中心桩最小。这主要是因其采用的是刚性承台，在桩距 $3d$ 时，桩顶荷载的分布正是角桩最大，边中桩次之，中心桩最小。本章通过有限元计算，得到的挤扩支盘桩群桩的桩端阻力分布与此相反。其原因可解释为：由于沿桩长设置了两个支盘，支盘承担的荷载值较大，在桩距较小（≤3D）时，桩身轴力经过两个承力盘以后产生了重分布（参见图 5-18：基桩的轴力分布），削弱了桩顶荷载对桩端阻力分布的影响。这样，桩端土侧向挤出受邻桩的限制作用对桩端阻力分布起主要影响，中心桩受到的限制最大，边桩次之，角桩最小；相应地，中心桩的桩端阻力最大，边桩居中，角桩最小。在桩距较大（6D）时，各基桩的相互影响减小，桩顶荷载对桩端阻力分布起主要影响，同样是中心桩的桩端阻力最大，边桩居中，角桩最小。

本章中单桩有限元分析得到的桩端阻力为 283.68kN，低于图 5-23 所示的各基桩桩端阻力，说明群桩效应对挤扩支盘桩的桩端阻力有增强作用。

8. 承台土反力

图 5-24 为各桩距下承台土反力的分布情况，所选取的承台断面为 3×3 群桩的对称面，通过图 5-14 所示的中心桩 A 桩和边桩 B 桩的轴线。

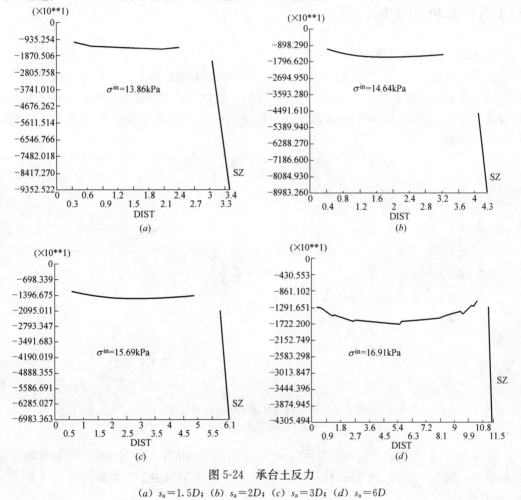

图 5-24　承台土反力

(a) $s_a = 1.5D$；(b) $s_a = 2D$；(c) $s_a = 3D$；(d) $s_a = 6D$

图中横坐标表示与中心桩（A 桩）轴线的距离，单位为 m；纵坐标表示承台底反力，单位为 10Pa；σ^{in} 表示承台内区（桩群外包络线以内范围）的土反力平均值。可见，各桩距下承台土反力基本呈马鞍形分布，即中间小、两边大，且两者的差异随桩距增大从 79.66kPa 迅速减小至 26.14kPa；桩群内部的承台土反力总的来说比较均匀；桩群内部的

承台土反力平均值 σ^{in} 随桩距的增大而增大。

综合第 5.2.2 节各小节对挤扩支盘桩群桩承载性状的分析，可知，在桩距为 $1.5D\sim$ $3D$ 时，挤扩支盘桩群桩的承载机理较为明确：在工作荷载下，桩承担大部分荷载；承台分担的荷载比例可达到 10%，承台底反力较小；具体到各基桩，桩侧摩阻力分担的荷载比例最大，支盘居中，桩端最少。文献 [14] 建议的挤扩支盘桩"水平最小中心距应满足 $1.5D\sim3D$"是合理可行的。

同时由前面分析可知：承台土反力呈中间小、两边大的分布；分担荷载比例较大的桩侧摩阻力和支盘阻力，也是在边桩和角桩处较大，中心桩处较小。因此，参照文献 [15]、[16]，建议在工程设计中，可以采取加密边桩、角桩而减少中心桩的措施，这样不仅有利于减少桩数、节约材料，同时也更能充分发挥桩基础的受力特性。

5.2.3　群桩的变形性状

1. 群桩沉降量与沉降比

在常用桩距条件下，由于相邻桩应力的重叠导致桩端以下应力水平提高和压缩层加深，因而群桩的沉降量和持续时间往往大于单桩。群桩效应对沉降的影响，比对承载力的影响更为显著，它可用相同桩顶荷载下的群桩沉降量 s_G 与单桩沉降量 s_1 之比即群桩的沉降比 R_s 来衡量。

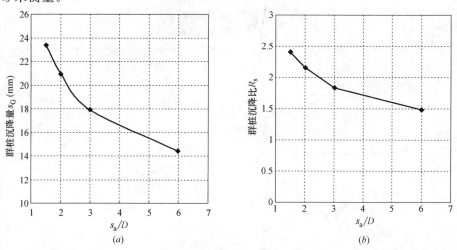

图 5-25　挤扩支盘桩群桩沉降量和沉降比

(a) 沉降量；(b) 沉降比

图 5-25 (a) 为挤扩支盘桩群桩沉降 s_G 随桩距的变化情况。按照本章中单桩有限元分析的结果，取 9.711mm 为对应单桩的沉降 s_1，计算出不同桩距下的群桩沉降比，如图 5-25 (b) 所示。

由图可知，挤扩支盘桩群桩沉降量和沉降比随桩距增大而减小，说明桩距越大，群桩工作性状越接近单桩。

2. 基桩的桩顶沉降和桩端沉降

图 5-26 (a)、(b) 所示分别为各桩的桩顶沉降和桩端沉降随桩距的变化情况。由图可

知，在常用桩距范围内，各桩的桩顶沉降和桩端沉降始终存在差异，中心桩沉降量最大，边桩次之，角桩最小；这种差异沉降随桩距增大而增大；桩端的差异沉降小于桩顶的差异沉降。

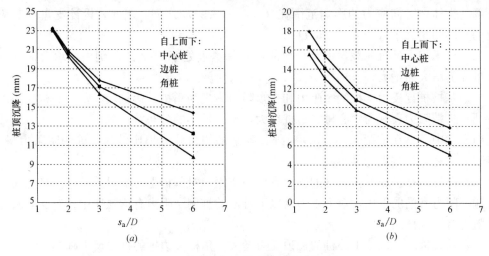

图 5-26　各桩的桩顶沉降和桩端沉降
（a）桩顶沉降；（b）桩端沉降

3. 群桩沉降的组成

低承台群桩的沉降 s_G 就其发生变形的部位可划分为两部分：桩的压缩变形 s_s 和桩端平面以下地基土的整体压缩变形 s_g，即 $s_G = s_s + s_g$。

图 5-27 所示为桩的压缩变形比 s_s/s_G 和桩端土压缩变形比 s_g/s_G 随桩距的变化情况。由图可见，桩的压缩变形比随桩距增大而增大，桩端土压缩变形比则相反。

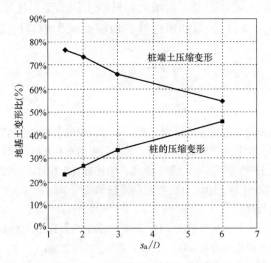

图 5-27　桩和桩端土压缩变形比

5.3　本章小结

本章对竖向工作荷载作用下的挤扩支盘桩的单桩及群桩进行了有限元分析，提出如下主要结论：

（1）支盘对紧靠其上部的土体中竖向应力的影响范围在 $(0.5\sim1.0)D$ 之间，对紧靠其下部的土体中竖向应力的影响范围在 $(1.0\sim1.25)D$ 之间。因此，设计支盘桩时应使支盘的竖向间距大于 $(1.5\sim2.25)D$。

（2）桩承担大部分荷载，承台分担的荷载基本上处于 10% 的范围内。承台荷载分担比随桩距的增大而增大。

（3）基桩桩顶反力、桩侧摩阻力和支盘阻力表现为角桩、边桩较大，中心桩较小的分布特征。桩端阻力表现为中心桩、边桩较大，角桩较小的分布特征。

（4）除中心桩在桩距 $s_a=1.5D$ 时外，各基桩的荷载分担比例为：桩侧摩阻力最大，支盘阻力次之，桩端阻力最小。

（5）群桩对基桩较低位置处的轴力有增强作用；对基桩上支盘以上及两支盘之间桩段的桩侧摩阻力有削弱作用，对下承力盘以下桩段的桩侧摩阻力有增强作用；对支盘阻力和桩端阻力有增强作用。

（6）随着桩距增大，中心桩的桩顶反力增大，角桩和边桩的桩顶反力减小；角桩和边桩的桩侧摩阻力在桩距 $2D$ 时达到峰值，中心桩的桩侧摩阻力减小；中心桩和边桩的支盘阻力增大，角桩的支盘阻力减小；各基桩的桩端阻力均呈减小趋势。

（7）各桩距下承台土反力基本呈中间小、两边大的马鞍形分布；桩群内部的承台土反力总的来说比较均匀；桩群内部的承台土反力平均值随桩距的增大而略有增大。

（8）群桩沉降量和沉降比随桩距增大而减小。

（9）各基桩的桩顶沉降和桩端沉降始终存在差异，差异沉降随桩距增大而增大；桩端的差异沉降小于桩顶的差异沉降。

（10）桩的压缩变形比随桩距增大而增大，桩端土压缩变形比则相反。

（11）在工程设计中，可以采取加密边桩、角桩而减少中心桩的措施，充分发挥桩基础的受力特性。

参考文献

[1] 朱伯芳. 有限单元法原理与应用 [M]. 第二版，北京：中国水利水电出版社，1998.

[2] 龙志飞，岑松. 有限元法新纶 [M]. 第二版，北京：中国水利水电出版社，2001.

[3] 徐芝纶. 弹性力学（上册）[M]. 第二版，北京：人民教育出版社，1982.

[4] R. Butterfield，N. Ghsh 黏土中的单桩对轴向荷载的反应. 地基与基础译文集第 3 集 [M]. 北京：中国建筑工业出版社.

[5] 杨敏，赵锡宏. 分层土中的单桩分析法 [J]. 同济大学学报，1992，20（4）：421～427.

[6] 俞炯奇. 非挤土长桩性状数值分析 [D]. 杭州：浙江大学，2000.

[7] 王勖成，邵敏主. 有限元法基本原理与数值方法 [M]. 北京：清华大学出版社，1992.

[8] 刘金砺等. 桩基工程技术 [M]. 北京：中国建材工业出版社，1996.

[9] Mugtadir A.，Desai C S.，Three-dimensional analysis of a pile-group foundation [J]. Numer. A-nal. Meth. Gemech.，1986，10：30～58.

[10] 胡汉兵等. 桩-承台-土共同作用的三维有限元分析 [J]. 工程勘察，1999，(6)：1～4.

[11] 刘金砺等. 竖向荷载下群桩变形性状及沉降计算 [J]. 岩土工程学报，1995，17（6）：1～13.

[12] 冯国栋等. 铅直荷载下桩——台共同作用的计算模式探讨 [C]. 中国土木工程学会第四届土力学及基础工程学术会议论文选集. 北京：中国建筑工业出版社，1986.

[13] 刘金砺. 桩基础设计与计算 [M]. 北京：中国建筑工业出版社，1990.

[14] 山西省建筑设计研究院. 钢筋混凝土可变式支盘扩底桩设计与施工规程（草案）. 2001.

[15] 胡道华等. 钻孔灌注群桩受力特性的研究 [J]. 天然气与石油，1997，15（1）：42～50.

[16] 董建国，赵锡宏. 高层建筑地基基础——共同作用理论与实践 [M]. 上海：同济大学出版社，1997.

第6章　挤扩支盘桩的强度计算与构造措施

挤扩支盘桩作为钢筋混凝土灌注桩的一种类型，在强度设计与构造措施方面与普通灌注桩基本相同，现分述如下。

6.1　挤扩支盘桩的强度计算

6.1.1　桩身强度计算

依据《建筑地基基础设计规范》GB 50007—2011[1] 的规定，所有桩基均应进行承载力和桩身强度计算，桩身混凝土强度应满足桩的承载力设计要求，即桩顶轴向压力应符合下式规定：

$$Q \leqslant A_P f_c \varphi_c \tag{6-1}$$

式中　f_c——混凝土轴心抗压强度设计值，按现行国家标准《混凝土结构设计规范》GB 50010 取值；

　　Q——相应于作用的基本组合时的单桩竖向力设计值；

　　A_P——混凝桩身横截面积；

　　φ_c——工作条件系数，挤扩支盘灌注桩取 0.6～0.8（水下灌注桩、长桩或混凝土强度等级高于 C35 时用低值）。

6.1.2　支盘的强度验算

依据本书第 4 章所述，支盘强度破坏形态为斜压破坏，支盘的强度承载力设计值 P_c 可按公式（4-4）进行计算，则挤扩支盘桩在所验算支盘顶处的桩身轴力设计值应符合式（6-2）的规定：

$$N \leqslant P_c \tag{6-2}$$

式中　N——挤扩支盘桩所验算的支盘顶处桩身截面的轴力设计值；

　　P_c——所验算支盘的承载力，按公式（4-4）计算。

无论抗压还是抗拔支盘桩，其轴力的变化总是从上往下逐渐减小，因而在多个支盘设置参数（包括尺寸和强度）相同的情况下，只需对最上位置处的支盘进行强度验算即可。

6.2　挤扩支盘桩的构造措施

依据《建筑地基基础设计规范》GB 50007—2011 的规定，挤扩支盘桩应符合以下要求。

6.2.1 基本设计要求

（1）桩基础的沉降验算应符合《建筑地基基础设计规范》的相关规定。

（2）桩基宜选用中、低压缩性土层作桩端持力层。

（3）同一结构单元内的桩基，不宜选用压缩性差异较大的土层作桩端持力层，不宜采用部分摩擦桩和部分端承桩。

（4）由于欠固结软土、湿陷性土和场地填土的固结，场地大面积堆载、降低地下水位等原因，引起桩周土的沉降大于桩的沉降时，应考虑桩侧负摩擦力对桩基承载力和沉降的影响。

（5）对位于坡地、岸边的桩基，应进行桩基的整体稳定验算，桩基应与边坡工程统一规划，同步设计。

（6）岩溶地区的桩基，当岩溶上覆土层的稳定性有保证，且桩端持力层承载力及厚度满足要求，可利用上覆土层作为桩端持力层。当必须采用嵌岩桩时，应对岩溶进行施工勘察。

（7）应考虑桩基施工中挤土效应对桩基及周边环境的影响；在深厚饱和软土中不宜采用大片密集有挤土效应的桩基。

（8）应考虑深基坑开挖中，坑底土回弹隆起对桩身受力及桩承载力的影响。

（9）桩基设计时，应结合地区经验考虑桩、土、承台的共同工作。

（10）在承台及地下室周围的回填中，应满足填土密实度要求。

6.2.2 有关桩的构造要求

（1）摩擦型桩的中心距不宜小于桩身直径的 3 倍；扩底灌注桩（挤扩支盘桩）的中心距不宜小于扩底（支盘）直径的 1.5 倍，当扩底（支盘）直径大于 2m 时，桩端（支盘）净距不宜小于 1m。在确定桩距时尚应考虑施工工艺中挤土等效应对邻近桩的影响。

（2）扩底灌注桩的扩底直径，不应大于桩身直径的 3 倍。

（3）桩底进入持力层的深度，宜为桩身直径的 1～3 倍。在确定桩底进入持力层深度时，尚应考虑特殊土、岩溶以及震陷液化等影响。嵌岩灌注桩周边嵌入完整和较完整的未风化、微风化、中风化硬质岩体的最小深度，不宜小于 0.5m。

（4）布置桩位时宜使桩基承载力合力点与竖向永久荷载合力作用点重合。

（5）设计使用年限不少于 50 年时，非腐蚀环境中挤扩支盘灌注桩的混凝土强度等级不应低于 C25；二 b 类环境及三类及四类、五类微腐蚀环境中不应低于 C30；在腐蚀环境中的桩，桩身混凝土的强度等级应符合现行国家标准《混凝土结构设计规范》50010[2] 的有关规定。设计使用年限不少于 100 年的桩，桩身混凝土的强度等级宜适当提高。水下灌注混凝土的桩身混凝土强度等级不宜高于 C40。

（6）桩身混凝土的材料、最小水泥用量、水灰比、抗渗等级等应符合现行国家标准《混凝土结构设计规范》GB 50010[2]、《工业建筑防腐蚀设计规范》GB 50046 及《混凝土结构耐久性设计规范》GB/T 50476 的有关规定。

（7）桩的主筋配置应经计算确定。灌注桩最小配筋率不宜小于 0.2%～0.65%（小直径桩取大值）。桩顶以下 3～5 倍桩身直径范围内，箍筋宜适当加强加密。挤扩支盘桩常用配筋见表 6-1 和图 6-1[3]。

挤扩支盘桩主桩身截面配筋表　　　　　表 6-1[3]

桩直径(mm)	主桩身截面积(cm²)	配　筋	钢筋面积(cm²)	配筋率 ρ(%)
350	961.6	6φ14	9.24	0.96
400	1256	6φ14	9.24	0.74
450	1589.6	6φ16	12.06	0.76
500	1962.5	6φ16	12.06	0.61
600	2826	8φ16	16.08	0.57
700	3846.5	8φ18	20.36	0.53
800	5024	9φ18	22.90	0.46
900	6358.5	10φ20	31.42	0.44
1000	7850	10φ20	31.42	0.40

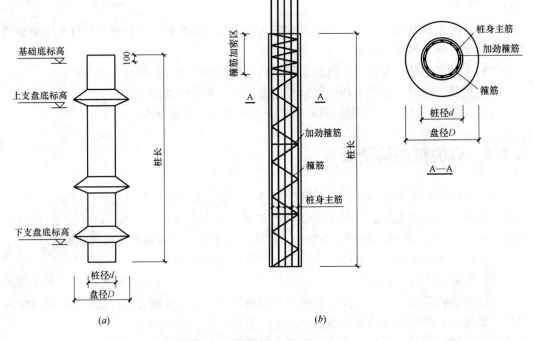

图 6-1　桩身配筋图[3]

（a）桩身图；（b）桩配筋图

（8）桩身纵向钢筋配筋长度应符合下列规定：

1）受水平荷载和弯矩较大的桩，配筋长度应通过计算确定；

2）桩基承台下存在淤泥、淤泥质土或液化土层时，配筋长度应穿越淤泥、淤泥质土层或液化土层；

3）坡地岸边的桩、8 度及 8 度以上地震区的桩、抗拔桩、嵌岩端承桩应通长配筋；

4）钻孔灌注桩构造钢筋的长度不宜小于桩长的 2/3；桩施工在基坑开挖前完成时，其钢筋长度不宜小于基坑深度的 1.5 倍。

（9）桩身配筋可根据计算结果及施工工艺要求，可沿桩身纵向不均匀配筋。腐蚀环境中的灌注桩主筋直径不宜小于 16mm，非腐蚀性环境中灌注桩主筋直径不应小于 12mm。

（10）桩顶嵌入承台内的长度不应小于 50mm。主筋伸入承台内的锚固长度不应小于钢筋直径（HPB300）的 30 倍和钢筋直径（HRB335 和 HRB400）的 35 倍。对于大直径灌注桩，当采用一柱一桩时，可设置承台或将桩和柱直接连接。桩和柱的连接可按《建筑地基基础设计规范》GB 50007—2011 中高杯口基础的要求选择截面尺寸和配筋，柱纵筋插入桩身的长度应满足锚固长度的要求。

（11）灌注桩主筋混凝土保护层厚度不应小于 50mm，腐蚀环境中不应小于 55mm。

6.2.3 有关桩基承台的构造要求

桩基承台的构造，除满足受冲切、受剪切、受弯承载力和上部结构的要求外，尚应符合下列要求：

（1）承台的宽度不应小于 500mm。边桩中心至承台边缘的距离不宜小于桩的直径或边长，且桩的外边缘至承台边缘的距离不小于 150mm。对于条形承台梁，桩的外边缘至承台梁边缘的距离不小于 75mm。

（2）承台的最小厚度不应小于 300mm。

（3）承台的配筋，对于矩形承台，其钢筋应按双向均匀通长布置（图 6-2a），钢筋直径不宜小于 10mm，间距不宜大于 200mm；对于三桩承台，钢筋应按三向板带均匀布置，且最里面的三根钢筋围成的三角形应在柱截面范围内（图 6-2b）。承台梁的主筋除满足计算要求外，尚应符合现行国家标准《混凝土结构设计规范》GB 50010[2]关于最小配筋率的规定，主筋直径不宜小于 12mm，架立筋不宜小于 10mm，箍筋直径不宜小于 6mm（图 6-2c）；柱下独立桩基承台的最小配筋率不应小于 0.15%。钢筋锚固长度自边桩内侧（当为圆桩时，应将其直径乘以 0.866 等效为方桩）算起，锚固长度不应小于 35 倍钢筋直径，当不满足时应将钢筋向上弯折，此时钢筋水平段的长度不应小于 25 倍钢筋直径，弯折段

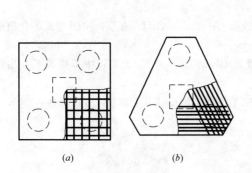
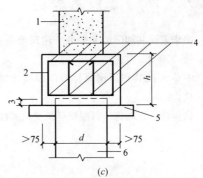

图 6-2　承台配筋

1—墙；2—箍筋直径≥6mm；3—桩顶入承台≥50mm；4—承台梁内主筋
除须按计算配筋外尚应满足最小配筋率；5—垫层 100mm 厚 C10 混凝土；6—桩

的长度不应小于 10 倍钢筋直径。

（4）承台混凝土强度等级不应低于 C20；纵向钢筋的混凝土保护层厚度不应小于 70mm，当有混凝土垫层时，不应小于 50mm；且不应小于桩头嵌入承台内的长度。

6.2.4 挤扩支盘桩的支盘有关尺寸

（1）挤扩支盘桩的构造见图 6-3，桩与支盘直径的关系见表 6-2，支盘的最小间距 b 见表 6-3。

（2）挤扩支承盘的直径（D）与桩身直径（d）之比 D/d，应根据承载力要求及挤扩底端部侧面和土层持力层土性确定，最大不超过 2.0。

（3）挤扩底端侧面的斜率应根据实际成孔及支护条件确定，a/h_c 一般取 1/3～1/2，砂土取 1/3，粉土、黏性土取约 1/2（a 为挤扩底宽度，h_c 为扩底长度）。

（4）挤扩底端底面一般呈锅底形，矢高 h_b 取（0.10～0.15）D。

（5）挤扩支盘的尺寸按现有挤扩设备的具体条件决定[3]。

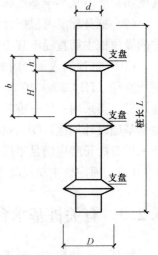

d—桩径；D—支盘直径；L—桩长；
b—支盘间距；h—支盘高度；
H—支盘净距

图 6-3 挤扩支盘桩桩身构造[3]

桩与支盘直径关系表　　　　　　　　表 6-2[3]

主桩径 d(mm)	400	600	800	1000
支盘直径 D(mm)	960	1500	2000	2500

支盘的最小间距 b　　　　　　　　表 6-3[3]

土层性质	砂土	黏土	粉土
支盘间距 b	≥3D	≥2D	≥2.5D

参考文献

[1] 中华人民共和国国家标准. 建筑地基基础设计规范 GB 50007—2011. 北京：中国建筑工业出版社，2002.

[2] 中华人民共和国国家标准. 混凝土结构设计规范 GB 50010—2010. 北京：中国建筑工业出版社，2010.

[3] 徐至钧，张国栋. 新型桩挤扩支盘灌注桩设计与工程应用 [M]. 北京：机械工业出版社，2003.

第 7 章 结论及展望

本书对挤扩支盘桩的抗压、抗拔特性以及支盘受压的强度计算进行了全面、系统的试验研究和理论分析，可总结出以下几点结论及展望。

7.1 主要研究结论

1. 用 YAW-5000 型微机控制电液伺服压力试验机对支盘模型试件进行了荷载试验，测定了支盘的荷载-位移全程曲线，揭示了在 $2 \leqslant h/b_1 \leqslant 2.5$ 且假设桩身强度足够大的试验条件下支盘的破坏形态为斜压破坏；由此建立了支盘的承载力计算公式，通过与实测数据的对比分析，计算结果令人满意。该公式可作为挤扩支盘桩设计时支盘承载力的计算及验算公式，从而填补了支盘强度设计计算的研究空白。

2. 支盘的荷载试验和有限元分析结果表明，高宽比 $h/b_1 \geqslant 2.0$ 且与桩身等强的支盘不会先于桩身而发生破坏；为保证支盘受力合理、经济可靠，建议高宽比的取值范围为 $1.5 \leqslant h/b_1 \leqslant 2.8$，并应按本文提出的支盘承载力计算公式进行验算。

3. 引进适合于挤扩支盘桩的"桩侧摩阻力发挥系数 ξ"，对已有的挤扩支盘桩的抗压极限承载力计算公式进行了修正和改进，静载荷试验结果表明该计算方法可靠合理，进一步完善了挤扩支盘桩的抗压承载力设计理论。

4. 提出抗拔侧阻经验折减系数 α 和挤扩支盘桩的抗拔极限承载力实用计算公式，由于该计算公式简便实用、客观可靠，可推广应用于工程设计中。

5. 根据抗拔支盘桩的桩身应力测试结果，挤扩支盘桩在上拔荷载的作用初期，支盘作用不显著，随着桩顶荷载的增加，支盘承担的荷载越来越大，当接近极限荷载时，支盘可承担总荷载的 40% 以上。

6. 通过静载荷试验结果的分析比较，指出挤扩支盘桩的抗压 $Q\text{-}s$ 曲线形态为略呈 S 形的缓变形曲线，抗拔 $P\text{-}\Delta$ 曲线为有突变的缓变形曲线；曲线的突变之处正是支盘发挥其作用的显著标志。

7. 将荷载传递法应用于挤扩支盘桩的分析计算，由该方法模拟得到的 $Q\text{-}s$ 曲线与实测曲线非常吻合，证明该方法合理可靠；在实际工程中可用已有的试验资料来推算承载力很高的挤扩支盘桩的 $Q\text{-}s$ 曲线和极限承载力，对减少或部分代替现场试桩具有实际意义。

8. 通过工作荷载下受压单桩的有限元分析，指出支盘对紧靠其上部的土体中竖向应力的影响范围在 $(0.5\sim1.0)D$ 之间，对紧靠其下部的土体中竖向应力的影响范围在 $(1.0\sim1.25)D$ 之间。因此，设计支盘桩时建议支盘的竖向间距大于 $(1.5\sim2.25)D$。

9. 挤扩支盘桩作为钢筋混凝土灌注桩的一种类型，在强度计算与构造措施方面与普通灌注桩基本相同，支盘的强度需进行承载力验算。

7.2 进一步研究展望

1. 进一步研究支盘沿不同深度设置时对挤扩支盘桩抗压特性、抗拔特性的影响，探讨支盘发挥作用的最佳位置。

2. 研究土和桩的本构模型，并将其应用于挤扩支盘桩-承台-土共同作用的有限元分析中，使计算结果更加接近实际。

3. 进一步研究挤扩支盘桩的群桩受力机理和变形特性，从而更好地指导工程实际。

附　　图

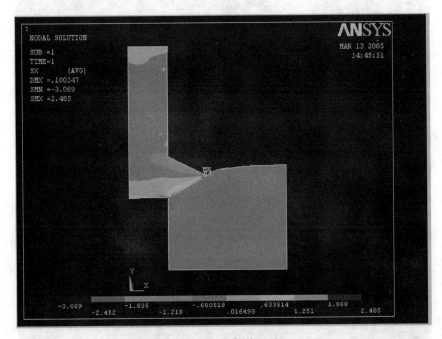

附图1　径向应力分布图（$h/b_1 = 1.0$）

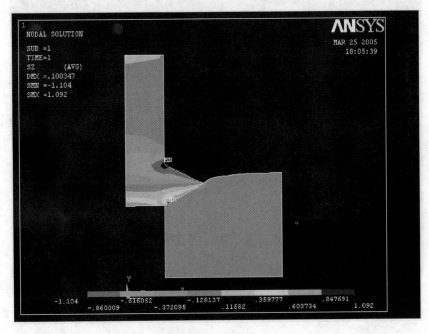

附图2　环向应力分布图（$h/b_1 = 1.0$）

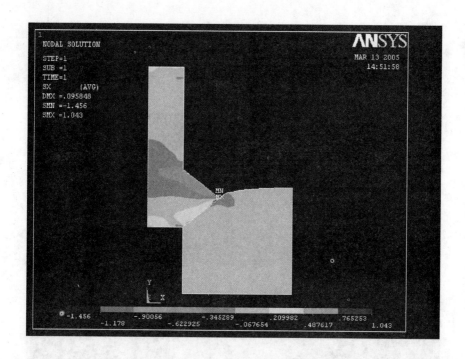

附图 3　径向应力分布图（$h/b_1 = 1.5$）

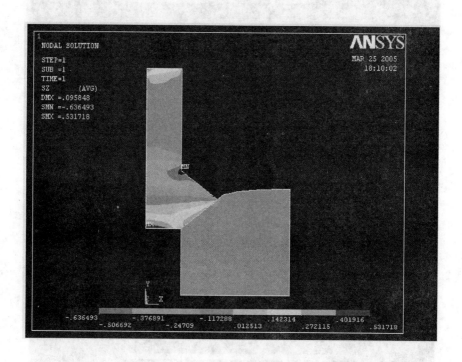

附图 4　环向应力分布图（$h/b_1 = 1.5$）

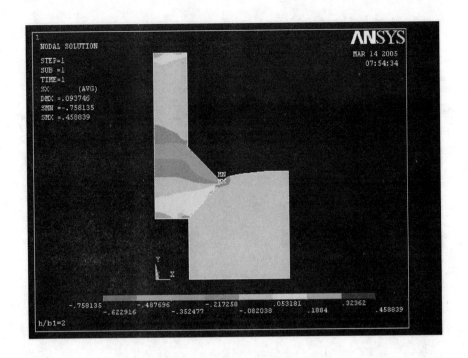

附图 5 径向应力分布图 ($h/b_1 = 2.0$)

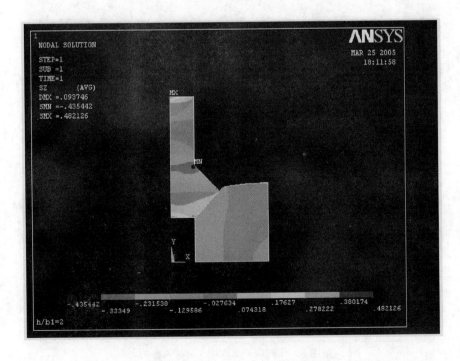

附图 6 环向应力分布图 ($h/b_1 = 2.0$)

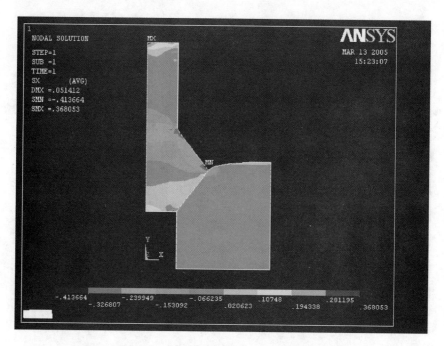

附图 7　径向应力分布图（$h/b_1 = 2.5$）

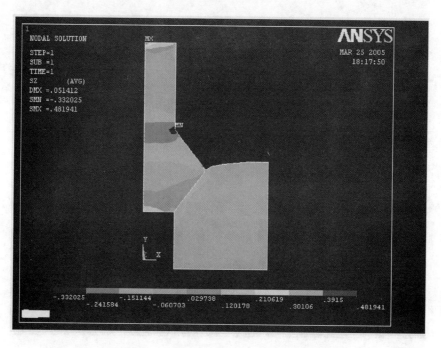

附图 8　环向应力分布图（$h/b_1 = 2.5$）

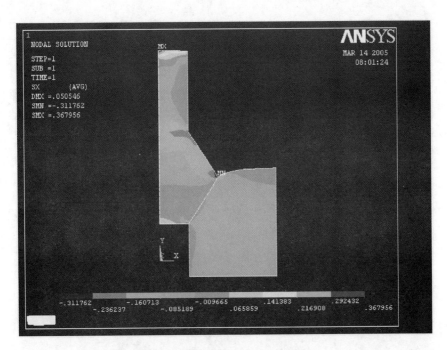

附图 9　径向应力分布图（$h/b_1 = 3.0$）

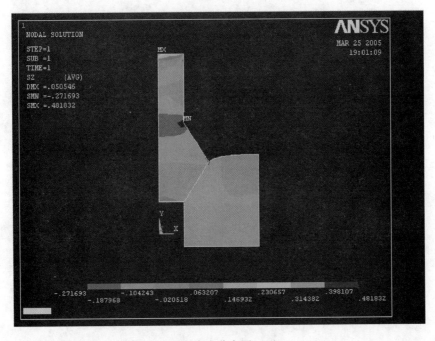

附图 10　环向应力分布图（$h/b_1 = 3.0$）